도쿄대 사고력
수학특강

도쿄대 교수와 12명의 고등학생들의
'조금은 다른 수학 이야기'

니시나리 카츠히로 지음 · **이소라** 옮김

KM 경문사

とんでもなく役に立つ数学 © 西成活裕朝日出版社刊 2011
Original Japanese title: TONDEMONAKU YAKU NI TATSU SUGAKU
written by Katsuhiro Nishinari
Copyright © 2011 Katsuhiro Nishinari
Original Japanese edition published by Asahi Press Co., Ltd.
Korean translation rights arranged with Asahi Press Co., Ltd.
through The English Agency (Japan) Ltd.

도쿄대 사고력 수학특강

니시나리 카츠히루 지음 · 이소라 옮김

KM 경문사

도쿄대 사고력
수학
특강

지은이 니시나리 카츠히로
옮긴이 이소라
펴낸이 조경희
펴낸곳 경문사
펴낸날 2021년 2월 1일 1판 1쇄
등 록 1979년 11월 9일 제 313-1979-23호
주 소 04057, 서울특별시 마포구 와우산로 174
전 화 (02)332-2004 팩스 (02)336-5193
이메일 kyungmoon@kyungmoon.com

값 12,000원

ISBN 979-11-6073-170-5

★ 경문사의 다양한 도서와 콘텐츠를 만나보세요!

	홈페이지	www.kyungmoon.com	페이스북	facebook.com/kyungmoonsa
	포스트	post.naver.com/kyungmoonbooks	블로그	blog.naver.com/kyungmoonbooks
	북이오	buk.io/@pa9309	유튜브	https://www.youtube.com/channel/UClDC8x4xvA8eZlrVaD7QGoQ

경문사 출간 도서 중 수정판에 대한 **정오표**는 **홈페이지 자료실**에 있습니다.

성경을 제외하고 가장 많이 인쇄되었다고 하는 수학책 ≪원론≫은 지금으로부터 약 2300년 전의 수학자 유클리드가 쓴 책입니다.

유클리드는 제자 중 하나가

"선생님 이런 어려운 원론을 배우면 어떠한 이익이 있습니까?"

라고 묻자 동전 한 개를 던져주며 고향으로 돌려보내 버렸다고도 하지요.

이런 질문은 제자들의 질문일 뿐 아니라 지금 우리의 질문이기도 합니다.

"왜 이렇게 재미없는 수학을 애써서 배워야만 하는 것일까?"

지금은 실용적이고 현실적인 것이 점점 더 중요해지고 있는 만큼 이런 질문에 유클리드처럼 동전이나 하나 주면서 내쫓을 수 있는 상황은 아닙니다. 그래서 현재 학교 교과과정에서도 수학과 현실과의 연결성을 찾아서 수업에 스토리텔링 기법이나 스팀(STEM: 과학, 기술, 공학, 수학의 머리글자를 따서 만든 용어로 각 교과 내용을 통합적으로 교육하고자 하는 방식의 교육 프로그램) 등을 도입하고 있는 정도입니다.

이 책의 저자는 어떻게 하면 수학을 현실에 적용할 수 있을까를 누구보다도 절실히 생각한 사람입니다.

저자가 교과서에서 다루고 있는 수학을 현실에 구체적으로 적용하며 연구한 내용들을 학생들에게 설명하는 내용을 따라가다 보면, 각종 분야에서 종횡무진 활약하는 수학을 볼 수 있습니다.

모순에 관련된 심리학 문제에서부터 멀리 있는 섬까지 효율적으로 물자를 운반해갈 수 있는 방법이나 프린터의 잉크튜브의 움직임을 제어하는 방법, 우주쓰레기를 거둬들이는 데 사용되는 줄인 테더를 크게 흔들리지 않게 우주선에서 내보내거나 감아들이는 방법 등에 이르기까지 그 다양성에 독자 여러분은 깜짝 놀라시게 될 것입니다.

무엇보다도 교통정체와 사람의 혼잡을 수학의 힘으로 해결한다는 '정체학'은 참 흥미로운 분야입니다. 정체학의 관점으로 고속도로의 정체 문제나, 휴대전화의 전파탑을 어떻게 설치하여야 효율적으로 전파를 보낼 수 있는지의 문제, 마라톤의 순조로운 출발을 위한 효율적인 배열 방법, 사우디아라비아의 메카 참배 시 높아진 인구밀도로 발생하는 큰 사고를 예방하기 위한 방법, 경제성장을 전제로 한 현 자본주의 시스템이 나아갈 바에 대한 방향 등에 이르기까지의 문제를 수학으로 풀어가는 과정을 보여줌으로써 수학이 얼마나 현실 문제를 해결하는 데 필요한 학문인가를 보여줍니다.

여러분은 이 책을 읽는 동안에 교과서에만 있는 수학이 아니라 우리 주변에서 살아 숨 쉬고 있는 수학을 만나볼 수 있으며, 실제적으로 여러분이 있는 각 분야에서 적용할 수 있는 지혜로 자리 잡을 것이라고 확신합니다.

옮긴이 이소라

머리말

"반갑습니다. 여러분! 저의 연구실로 오세요."

내가 대학생일 때 이런 말로 시작하는 텔레비전 심야프로그램을 본 기억이 납니다. 대학교수 역할을 맡은 배우가 했던 말인데요, 그 말을 들으면서 장래의 나의 모습을 겹쳐보았던 것 같습니다.

그런데 지금 정말 내가 교수가 되었고, 도리츠미타고등학교 학생 여러분이 저의 연구실에 찾아왔습니다. 2010년 봄, 12명의 고등학생들과 저는 4일 동안 특별수업을 했습니다. 그리고 이 책은 그 수업을 토대로 만든 것입니다.

그 수업은 내가 ≪16세의 교과서 2≫(고단샤)에서 "어떤 수학 알레르기도 치료할 자신이 있다."라는 식으로 쓴 것이 계기가 되었습니다. "이제는 '수학 실증'을 날려버리는 수업을 하고 싶다."라고 했던 제안이 받아들여진 결과입니다. 하지만 실제로 그것이 가능한지 어떤지는 나에게 있어서 도전이었습니다.

유감스럽게도 수학을 싫어하는 사람이 상당히 많은 것이 사실입니다. 그러나 방법을 조금 다르게 한다면 그런 사람도 곧 수학을 좋아하게 될 가능성이 있으며 누구라도 수학적인 토론에 즐겁게 참여할 수 있는 여지가 있다고 생각합니다.

확실히 수학 기호를 연습하는 데는 시간이 걸리는데, 그것은 어학도 마찬가지입니다. 어학을 예로 들자면 단어를 외우는 것만으로는 외국어를 말할 수 없습니다. 외국인과 진짜 대화를 할 수 있으려면 그

나라의 문화를 이해해야 합니다. 마찬가지로 수학에서의 기호는 단어와 같은 것이니 기호는 꼭 알아야 할 중요한 내용이지요. 하지만 그 배경이 되는 수학적 아이디어도 그 이상으로 중요합니다. 그래야 진짜 수학적 사고를 할 수 있을 테니까요. 그래서 이 책에서는 수학적 아이디어에 초점을 맞춰서 살펴보았습니다. 이 책을 통해 수학의 사고법은 다른 분야에서도 많이 사용된다는 것을 느낄 수 있을 것입니다.

제가 여러분에게 말하고 싶은 것은 고등학교 교과서에서 배우는 수학에 대해서가 아닙니다. 현실 사회에 뛰어들어 여러 장면에서 활약하고 있는 수학, 그리고 엄밀함과 엉성함이 섞여 있는 '피가 통하는 수학'의 모습에 대해서입니다.

지금까지 수학은 엄밀함을 정해가는 것으로 독특한 세계관을 획득해왔습니다.

이것은 부정할 수 없는 진실입니다. 그리고 앞으로도 수학은 엄밀함을 잃어서는 안 된다고 생각합니다. 그러나 수학을 현실에 '사용'할 때에는 아무래도 있는 그대로 적용할 수는 없습니다. 조금 모양을 무너뜨릴 필요가 생기지요. 그래서 이 부분에 엉성함이 들어가는 것입니다.

이것을 참지 못하는 수학자는 이상에 묻혀 일생을 수학에 던지게 됩니다. 하지만 나는 그런 수학자가 되기는 싫습니다. 엄밀함과 엉성함을 바탕으로 한 수학의 강력한 무기와 지혜를 이용해서 조금이라도 더 좋은 세상을 만들고 싶은 것이 나의 바람입니다.

그래서 나는 수학과 현실을 잘 알아내서 이 둘을 섞어 보기로 결심했습니다. 그리고 10년이 걸려 '정체학'이라는 결실을 보게 되었습니다.

나는 정체학뿐만 아니라 이것으로부터 몇 가지의 분야로 수학을 사용해서 뭔가 해나가고 싶은 바람이 있습니다. 그리고 이번 수업에서 여러분들이 이런 현장의 재미를 체험해서, 가능하면 함께 수학의 가능성을 넓혀가고 싶다는 바람을 가져봅니다.

이 책을 통해서 느꼈으면 하는 것은 "수학으로 생각한다."라는 것의 참 의미입니다. 마지막 부분에서는 실천편을 넣어보았습니다. 여러분이 수학을 사용해서 사고를 깊게 하면서 아이디어를 전개해 가는 것을 느끼길 기대하는 것입니다.

독자 여러분도 이 책 속에 나오는 수학의 무기(아이템)를 차근차근 장착하기 바라며, 그것들은 사용방법에 따라 지금부터 여러분의 인생에 있어서 큰 힘이 되어줄 것입니다.

이 책에서 소개하고 있는 수학은 절대 어렵지 않으며 본래의 아이디어는 아주 단순합니다. 책을 읽고 어렵다고 느낀다면 그 경우는 대개 저자가 깊게 이해하지 못하고 쓴 경우가 많습니다. 나는 상당히 노력해서 열심히 썼지만 완벽한 글쟁이는 아닌 것 같습니다. 그러니 모르겠다고 생각하는 부분이 있다면 모두 내 탓으로 돌리고 여러분은 자신의 한계를 넘어서 깊이 파보길 바랍니다.

지면과 시간의 사정으로 여러 가지 화제에 대해 자세하고 깊게 파고들 수는 없었는데, 이 책을 다 읽은 후에는 여러분이 독학으로 수학을 사용하고 싶어지게 될 것이라고 기대하고 있습니다.

인체에서 '척추'가 하는 역할과 같은 수학이라는 강력한 힘을 느끼고 그 새로운 사용법을 하나라도 발견해주면 저자로서 그것만큼 기쁜 일은 없을 것입니다.

그러면 부디 내 연구실로 찾아와 주세요.

지은이 니시나리 카츠히로

둘째 날

세상을 이해하기 위한 도구

 넷째 날

수학으로 사회문제 해결

첫째 날

수학으로
생각하는
방법

공식은 잊어도 사고법은 잊지 않는다

나는 어린 시절부터 수학을 아주 좋아했고, 수학에 관계된 일을 계속해서 해왔습니다. 지금부터 네 번의 강의를 통해 여러분과 함께 수학의 재미를 나누고 싶습니다.

이번 강의에는 수학을 좋아하는 사람과 싫어하는 사람이 반반으로 모인 것 같네요. 그럼 우선 수학을 좋아하는 이유와 싫어하는 이유를 각각 알고 싶은데요. 먼저 수학을 좋아하는 사람이 그 이유를 말씀해 주세요.

전에는 이런 질문이 나오면 좋아한다고 말할지 어떨지 망설였는데, 지금은 꽤 좋아한다고 말할 수 있습니다. 수학 문제를 푸는 데는 여러 가지 방법이 있지만, 그 답은 하나뿐이기 때문에 명확한데다가 문제를 풀었을 때의 상쾌한 기분이 좋습니다.

확실히 상쾌하죠. 나도 마찬가지입니다. 그런데 수학 문제 답이 정말 하나뿐인지는 대단히 중요한 문제라서 나중에 다시 한번 다루도록 하겠습니다.

문제를 풀었을 때의 성취감과 쾌감이 다른 교과목에서 느낄 수 있는 것보다 큽니다. 저는 모든 일에서 이론만 캐려고 하는 경향이 좀 있어서 절차를 세워서 생각해 나가는 면이 있는 수학을 좋아합니다. 그리고 수학은 '논리적이면서 또 비논리적이다'라는 말을 들은 적이 있는데, 수학의 이런 복잡하고도 불가사의한 면에도 흥미가 있습니다.

그런 말을 어디서 들었나요?

존 내쉬(John Nash) 박사가 텔레비전에 나와서 말했어요.

좋은 프로그램을 보았군요. 수학은 논리가 중요하지만 그것만으로는 명쾌하게 결론을 내지 못하는 것이 여러 가지 있습니다. 내쉬의 이야기는 조금 후에 하겠습니다. 또 다른 사람은 어떤가요?

퍼즐 같아서 재미있어요. 공식만 잘 암기하고 있다가 문제를 공식에 맞게 대입해서 식으로 나타내기만 하면 식이 알아서 저절로 문제를 해결해주잖아요. 그래서 암기하는 것이 아주 중요한 과목이라고 생각합니다. 이미지는 기계적이고 냉정한 느낌이 듭니다.

암기를 좋아하나요?

좋아하지는 않아요. 그래도 어쩔 수 없다고 생각하니까 …….

사실은 나도 암기에 약합니다. 그리고 몇 개 외운 것도 어른이 되면서 점점 잊어버리게 되었지요. 여러분의 아버지나 어머니도 중학교 때 배운 이차방정식을 더 이상 못 풀게 되었을 거예요(웃음). 공식은 결국 잊어버리게 되고 말죠. 하지만 사고법은 절대로 잊어버리지 않죠.

그래서 이번에는 기호나 식뿐 아니라 수학의 사고법을 주로 이야기하고 싶어요. 그럼 이번에는 수학을 싫어하는 사람이 그 이유를 말씀해 주세요.

수학은 저랑 어울리지 않아서 그런지 서툽니다. 특히 응용문제를 풀 때는 해답을 보도 이해할 수 없는 것들이 많습니다. 어떻게 하면 싫어하지 않을 수 있는지 알고 싶습니다(웃음).

예를 들어서 싫어하는 음식을 좋아하게 되는 것은 어렵겠죠. 먹어보지도 않고 싫다고 말하기도 하는데, 먹어보면 의외로 맛있기도 합니다. 그리고 서둘러서 응용문제를 풀려고 하기보다도 먼저 기본을 다룰 때 대강 넘어가지 않고 탄탄하게 완성하는 것이 중요합니다. 지금부터 이것을 함께 공부해갑시다.

중학교 때는 수학을 잘했는데 점점 못하게 되었습니다. 문과로 정한 후에는 점점 더 서툴다는 생각이 들어서, '수학은 더 이상 안 해도 되지 않을까……'라는 생각도 해요.

사실은 문과 쪽이야말로 수학이 점점 더 중요해지고 있습니다. 경제나 통계 등의 수학을 다방면에 걸쳐서 사용하고 있으니까 분발해야 합니다.

 현상의 배경에 있는 '이론'을 알고 싶다

먼저 내 소개부터 하겠습니다. 내가 이과 쪽에 관심을 갖게 된 것은 초등학교 2학년 때 쯤이었는데, 그 계기는 바로 라디오였습니다.

아버지가 기술자였기 때문에 집에는 항상 작은 전자 부품들이 이곳저곳에 굴러다녔습니다. 어느 날 아버지가 그 부품으로 라디오를 만들어주셨습니다. 멋진 모양은 아니었지만 스위치를 누르자 소리가 들려서 감동했던 기억이 있습니다. 그때 나는 어떻게 부품을 조합한 것만으로 소리가 나오는지 신기한 생각이 들었습니다.

당장 책을 조사해보았더니 '옴의 법칙'이라는 수수께끼 같은 단어가 나왔습니다. 그래서 얼른 아버지께 물어보았는데 어려운 내용이라는 말뿐이었습니다. 그래도 열심히 계속 읽어갔지만 전혀 이해할 수가 없었어요. 내가 이해하기에는 너무 일렀습니다.

전자파라는 말도 전혀 이해할 수 없었지만, 라디오의 구조가 어떻게 되어 있는지 궁금해했던 기억이 또렷하게 남아 있습니다. 이것이 바로 현상의 배경에 있는 '이론'을 알고 싶어 하게 된 계기가 되었습니다.

그 당시 텔레비전에서 《우주전함 야마토》(MBC에서 1981년 《우주전함 V호》로 방영됨)라는 만화영화가 유행했는데, 나도 아주 좋아해서 빼놓지 않고 보았습니다. 거기에 나온 워프(warp, 공간을 이용해서 단시간에 긴 거리를 이동할 수 있는 방법)와 미지의 별의 모습 등을 정말 두근두근 하면서 봤던 기억이 있습니다. 우주에 대한 동경이 나를 이과 쪽으로 인도했다고도 할 수 있습니다.

사실 나는 어릴 때 좀 별난 소년이었습니다. 주위와 어울려보려고도 했지만 별로 싹싹하지 않은 아이였습니다. 겉으로는 잘해 나가고 있는 것처럼 보였지만 정신적으로는 고독한 감정을 많이 느꼈던 것 같습니다.

그리고 거짓말을 하거나 남을 속이는 어른들을 싫어했는데, 초등학교 선생님에 대해서도 불신감과 반항심을 갖고 있었습니다. 공부를 하다가 도저히 이해할 수 없는 것이 있어서 선생님께 질문을 하면 '나도 모른다', '어쨌든 공식을 외워라'라는 등으로 얼버무리는 선생님도 있었기 때문입니다. 어린이였기 때문에 선생님이라면 모든 것을 알고 있다고 생각했는데 실제로는 그렇지 않다는 것에 놀랐고, 모르는 것을 모르는 채로 무작정 외운다는 것을 이해할 수 없었습니다. 그래서 그때 나는 학교 공부와는 별개로 나 스스로 하고 싶은 공부를 하겠다고 결심했습니다.

항상 혼자서 제멋대로 공부하고 있었기 때문에 주위에서는 나를 좀 이상한 놈이라고 생각했습니다. 초등학교, 중학교 때는 집단 따돌림을 당한 일도 있었습니다. 지금은 밝게 살고 있지만 그당시에는 어떤 의미에서는 어둡게 살았습니다.

그래도 고등학생이 되면서 분위기가 완전히 바뀌어서 자유롭고 즐거웠습니다. 여러분에게는 전혀 참고가 되지 않겠지만 나는 여전히 선생님께 가르침을 받기 싫어서 수업 중에 계속 귀를 막고 내가 하고 싶은 공부를 하기도 했습니다. 이것을 알게 된 선생님이 교과서 모서리로 때리며 "수업 들어!"라고 혼을 내도 "싫어요. 내가 하고 싶은 공부를 할 거예요."라고 대답하는 아이였습니다. 사실 말도 안 되는 일이죠.

그러다가 나중에는 혼자만 책상을 뒤로 돌려 앉아서 수업을 아예 듣지 않았던 일도 있습니다(웃음). 선생님 입장에서는 틀림없이 다루기 힘든 학생이었다고 생각합니다.

'자기가 하고 싶은 공부'라니 무엇을 했습니까?

여러 가지 대학 교재를 읽었습니다. 고등학교 1학년 때 고등학교 공부는 거의 끝냈거든요.

에에에?

앞으로 하게 될 공부가 무엇인지 굉장히 알고 싶어서 1학년 때 3학년까지의 교과서를 선배에게 빌려서 모두 읽었습니다. 그리고 그 다음에는 대학에서는 무엇을 공부하는지 알고 싶어서 대학 교재를 읽어보니 갑자기 어려워졌습니다. 대학 교재는 역시 어려워서 좌절했지만 고등학교 3학년 정도의 수준으로 볼 수 있는 〈대학으로의 수학〉(동경출판)이라는 어려운 월간지가 있었는데, 그것을 아주 좋아해서 하루에 한 문제씩 조금 어려운 문제를 아침부터 밤까지 생각했습니다.

가슴에 항상 어려운 문제를 하나씩 넣고 다녔던 셈입니다. 해답은 절대 보지 않았는데, 가장 길었을 때는 1년간 보지 않은 적도 있었던 것으로 기억합니다.

고 3 끝무렵에는 문제를 직접 만들어 보기 시작했습니다. 문제를 만든다는 것은 푸는 것보다 훨씬 공부가 됩니다. '이차함수의 어려운 문제를 만들겠다'라고 생각하고 문제를 만들어보는 사이에 학습에 관련된 여러 가지를 흡수할 수 있었습니다. 열 문제를 푸는 것보다 한 문제를 만들어보는 쪽이 훨씬 많은 것을 익힐 수 있습니다.

어쨌든 그 당시에는 엉망진창이었습니다. 나는 내가 생각해도 정말 선생님 말을 듣지 않는 학생이었기 때문에 지금도 학생들에게 '수업 들어'라는 말은 하지 않습니다. 나도 듣지 않았기 때문이죠(웃음).

사실 교과서조차도 사지 않았습니다. 그래서 내 입장에서는 학교 기말고사에 흔히 나오는 교과서 문제조차도 모두 그 자리에서 생각해서 풀어야만 하는 응용문제였습니다. 이 때문에 모두가 알 수 있는 암기 문제는 대부분 다른 사람에게 졌지만, 응용문제 쪽은 실력이 점점 더 좋아졌습니다. 덕분에 저절로 사고력에 자신이 생기게 되었습니다.

수학으로 사회에 도움이 되고 싶다

처음 대학 입시에서는 도쿄 대학에 떨어졌고 일단 와세다 대학에 들어갔습니다. 하지만 다음 해에 도쿄 대학에 한 번 더 도전했고 합격했습니다. 복수하고 싶은 생각도 들었고, 국립대학이 학비가 싸서 부모님께 효도하고 싶은 생각도 있었습니다.

대학 입학 당시에는 천문학을 하려고 했습니다. 이것도 《우주전함 야마토》의 영향입니다. 하지만 우주를 보고 그 신비에 빠졌다기보다는 우주에 대해 수식을 이용해서 생각하는 사이에 식 그 자체에 마음이 강하게 끌리게 되어서 수학 공부를 더 하고 싶어졌습니다.

하지만 수학과에 가면 취직할 곳이 없다고 생각했습니다. 수학자를 신선에 비유하기도 하잖아요. 그만큼 수학자는 사회와 그다지 연관이 없는 것 같은 이미지였기 때문에 부모님도 마음에 안 들어 하셨습니다.

그래서 수학을 하면서도 우주와 관련이 있고, 게다가 사회와 동떨어지지 않은 항공우주공학과에 들어갔습니다. 물론 이런 조건만 따져서 생각한 것이 아니라 세상에 도움이 되고 싶다는 생각도 강했기 때문에 선택한 것입니다.

아마 나와 같은 경력을 가진 사람은 드물 거라는 생각이 드는데, 나는 수학과 물리학, 그리고 공학 연구실을 모두 경험했습니다. 대학원에서는 항공우주과에 소속되어 있으면서 수학과 연구실의 세미나에 나가거나 물리학과 연구실에도 출입했습니다. 이처럼 지금까지 수학과 물리학 어느 한 분야에 얽매이지 않고 여러 가지 것을 경험해 왔습니다.

이런 과정에서 느낀 것은 대부분의 학생들이 대학원에 들어가면 아무래도 전문성을 높이는 데 시간을 많이 투자해야 하기 때문에 바로 옆 연구실에서 하고 있는 일조차도 전혀 이해할 수 없게 된다는 것입니다. 가까운 분야의 전문가조차도 이해할 수 없는 것을 계속해서 한평생 연구해간다는 것이 과연 바람직한 일이겠느냐는 의문이 점점 강하게 생겨났습니다.

게다가 수학의 한 이론이 보통 사회에서 실용적으로 사용되기까지 백 년 이상 걸린다고 하는데, 그렇다면 자신의 성과를 스스로 확인할 수 없겠죠. 물론 그래도 좋다는 사람도 있지만, 나는 가능하면 내 연구 결과가 사회에 도움이 되는 것을 직접 보고 싶다는 생각이 강했습니다. 수학과도 계속 관련되면서, 그 성과를 최종적으로 사회에 환원하고 싶고, 게다가 나 자신이 살아있는 동안 그것을 지켜보고 싶다는 생각에 갈등과 고민을 하다가 건강에 이상이 생기기도 했습니다.

자신이 연구하고 있는 수학을 어떻게 쓸모 있게 할 수 있을까 하는 생각을 계속하다가 겨우 발견한 것이 교통정체와 사람의 혼잡을 수학의 힘으로 해결하려는 '정체(渋滞)학'입니다. 이것에 대해서는 수업의 후반부에서 다시 자세히 설명하겠습니다.

수학에도 스포츠의 '근성'을

수학은 여러분이 상상하는 것 이상으로 폭넓게 사용되고 있습니다. '수학은 기계적이고 냉정하다'는 이미지를 가진 사람들이 많을 거라고 생각합니다. 분명히 그런 면도 있지요. 그래도 수학은 절대 차가운 돌과 같은 것이 아니고 실은 피가 통하고 유머도 있는 존재입니다.

이번 수업에서는 수학의 힘을 기르기 위해 중요한 것이 무엇인가를 다루면서, 여러분이 갖고 있는 수학 이미지를 바꿀 수 있는 이야기를 하고 싶습니다.

나는 고등학교에서는 축구부, 대학에서는 럭비부에 들어가서 운동을 계속해 왔습니다. 여러분 중에서도 스포츠를 하고 있는 사람이 있나요?

저는 자동차 경주를 하고 있습니다.

저는 배드민턴을 합니다.

좋아요. 말할 것도 없이 모두 오래 견디는 힘이 필요한 스포츠입니다. 스포츠를 어느 정도 해나가다 보면 반드시 벽을 만나게 되는데, 이것을 넘어서려면 정신력이 필요합니다. 수학도 그런 감각에 가깝습니다. 처음에는 재미있을지 몰라도 분명 괴로운 때가 있습니다.

문제가 풀리지 않아서 '아이구 괴로워. 더 이상 계산할 수 없어…….'라고 막혔을 때는, 스포츠에서 '더는 안 돼.'라고 느낄 때와 같습니다. 이것을 넘어설 수 있는 능력은 남으로부터 배울 수 있는 것이 아니고, 스포츠의 '근성'이 있는지에 달렸습니다. 바로 여기서 크게 차이가 납니다.

따라서 스포츠를 하고 있는 사람은 그 힘을 수학에 잘 연결하면 단번에 성장할 수 있습니다. 물론 운동치라도 상관없습니다. 예를 들어서 어떤 사람이 등산을 하다가 '너무 힘들고 괴롭다. 이제 그만하고 내려갈까.'라고 생각하면서도 결국 끝까지 오르고 만다면 그 사람은 수학에 적합한 사람입니다.

나는 대학 시절에 럭비부에서 포워드 3번이었습니다. 스크럼을 짜면 뒤에서 눌려지는데, 몸을 긴장한 채로 끝까지 참아내야만 합니다. 그렇지 않으면 등뼈가 부러져버립니다. 이렇게 어떤 한계까지 참고 참아 꾹 버티는 순간이 뭔가 연구를 하고 있을 때와 같습니다. 여러분은 아직 그것이 뭔지 몰라도 그것을 잡을 수 있으면 강해집니다.

예를 들어서 어려운 문제가 아무래도 풀리지 않을 때 어느 정도 생각하다보면 누구나 피곤해져버리죠. 그런데 그 순간에 "에이 이제 됐어. 답을 봐버리자." 하면서 답을 들여다보았다면 이제부터는 절대 답을 보지 말기 바랍니다.

어떻게든 문제를 해결하려고 이렇게 저렇게 애쓰며 생각하는 훈련이 곧 사고력이 되니까요. 팀싸움을 해본 사람은 알겠지만 이것은 공격이 잘 안 되서 상대의 골에 도달할 수 없을 때, 오른쪽에서 공격하는 것이 좋을까 왼쪽에서 공격하는 것이 좋을까를 생각하는 것과 같습니다.

수학에 적합하지 않은 사람은 사실 없을 거라고 생각합니다. 한계에 이르러 '와!!!' 하고 힘을 내야 하는 순간이 우리 모두의 삶 어느 부분에서 분명히 있었을 거예요. 그런 순간을 수학에서도 느끼고 맛보길 바랍니다.

논리의 계단, 어디까지 오를까?

그럼 이제 '수학은 무엇인가' 하는 본격적인 이야기에 들어갑시다. 수학에서는 '공식'이라는 말이 자주 나오죠. '공식에 맞춰서'라고 말하는 것은 한마디로 말하면 논리입니다. 'A이면 B → B이면 C → C이면 D'라고 말하는 것은 논리입니다. 예를 들어서 '배가 고프니까 밥을 먹는다', '수면 부족으로 졸리다'라고 말하는 것도 일종의 논리라고 생각할 수 있습니다.

내가 가끔 텔레비전에 나갈 때, 감독이 "선생님, 프로그램에서 말할 때 1단계로 설명해주세요"라고 합니다. 이것은 무슨 말인가

몇 단계까지 참을 수 있나요?

한걸음 한걸음 정확하게

하면 'A이면 B이다'로 끝내달라는 말입니다.

대학 교수라고 하는 사람들은 말이 서툴러서 'A이므로 B, 그래서 C, 따라서 D가 아닌 E이다'와 같이 말해버리니까 집중해서 듣지 않으면 알아들을 수가 없고, 게다가 말이 길어지기까지 하면 듣다가 지쳐버린다는 것입니다(웃음).

그래도 'A이므로 B이다'와 같이 1단계로 끝나는 설명은 깊이 생각하지 않아도 자연스럽게 알아들을 수 있습니다. 나는 언제나 텔레비전에서 2단계 정도로 말하는데 그렇게 하면 반드시 제지당하곤 하죠.

'A이므로 B이다'의 단계 수가 늘어가면 점점 복잡하게 되어서 이해할 수 없게 되는데, 여러분은 몇 단계 정도까지 참을 수 있나요? 사실 수학을 아주 잘 하는 사람들은 이것을 1만 단계 정도까지 참을 수 있습니다. 게다가 그 한단계 한단계를 아주 정확하게 탁탁탁탁 올라갈 수 있습니다. 몇 단계로 결론에 도달할 수 있을까의 그 순서가 중요합니다. 장기에서도 같죠. 장기나 바둑을 두는 사람 있나요?

네

내가 두고, 상대가 두고, 그 다음 내가 두고⋯⋯, 몇 수 정도까지 미리 읽어낼 수 있나요?

2, 3수 정도요.

다른 학생은 어떤가요?

상대를 넣어서 10수 정도요.

굉장하네요! 그것을 '상대의 수를 읽는다'라고 말합니다. 이것은 인생 그 자체라고 할 수 있습니다. 남녀가 연애를 하면서 밀고 당기기를 하는 것도 그렇죠. 내가 이렇게 하면 상대는 이렇게 느끼겠고, 그것으로 이런 반응이 나온다면 나를 좋아하는 것이다⋯⋯ 와 같은 착각이라든가(웃음).

그 논리가 옳은지는 차치하고, 모두들 어느 정도는 대략 알 수 있습니다. 이것을 얼마나 잘 훈련할 수 있는가가 수학의 세세한 이야기보다 훨씬 중요하고, 수학을 잘할 수 있는 지름길이 되는 것입니다.

이유를 알 수 없는 것을 점점 연결해 간다

이 훈련에 관련된 놀이를 한번 해봅시다. 내가 초등학교 때부터 계속 해온 말 놀이에요.

작은 종이를 몇 장씩 모두에게 나누어 주고, 그 종이에 되도록 관계없는 짧은 문장을 써주세요. 정말 뭐든 써도 좋습니다.

'배가 고프다'라든가 '귀여운 개를 봤다'와 같이 말이죠. 그것을 모아서 모두에게 2장씩 나눠줍니다. 그리고 그 2장을 억지로라도 연결하여 이야기를 만들어주세요.

전혀 조합되지 않는 두 개의 문장을 몇 단계를 사용해도 좋으니까 연결해 보세요. 연결할 때는 반드시 바르게 생각해야 합니다. 즉 누구나 납득할 만하게 연결하라는 말입니다. 여기 있는 모두가 납득이 가도록 말이죠. 또 사람을 얼마나 즐겁게 해줄 수 있을까도 생각해 보세요.

감정을 사용해도 좋을까요?

감정을 사용해도 좋습니다. 되도록 논리를 사용하면 좋겠지만, 놀

이니까 비약이 있어도 좋습니다. 간단히 연결되는 두 개의 글을 끌어당겨서 1단계로 끝내버릴 수 있겠다고 생각하더라도 그 사이에 1단계를 더 넣어주세요. 그리고 '이랬다. 다음은 이렇게 됐다. 그래서 이렇게 됐다'와 같이 단문으로 연결해 가도록 하세요.

…… 이제 여러분의 머릿속에서 일어나고 있는 일을 말해보면 모두가 알고 있는 것을 떠올리고 있을 것입니다. '이거라면 이렇게 되겠지'라는 것을 모아서 이어가고 있습니다.

나는 늘 이런 놀이를 하는데, 이렇게 하면 응용문제를 자연스럽게 풀 수 있게 됩니다. 여러 가지 발상을 반복해서 하게 되고, 평소 엉망진창으로 얽힌 것을 납득할 수 있게 연결하는 훈련을 통해서 작은 일에는 주눅들지 않게 됩니다(웃음).

그럼 슬슬 몇 명이 발표해주세요. 가지고 있는 카드 2장을 각각 읽고 난 후에 답을 말해주세요.

제가 받은 카드는 '산책을 갔다'와 '잘 모르는 이야기를 들었다'입니다.

재미있군요. 자 답을 말해보세요.

산책을 갔을 때 노숙자를 만났다. 그 때 노숙자에게 '먹을 수 있는 것과 먹을 수 없는 것을 판별하는 방법에 대해'라는 잘 모르는 이야기를 들었다.

능숙하군요. 잘 모르는 이야기의 구체적인 예를 든 점이 좋습니다. 그것으로 설득력이 증가될 만합니다.

저는 '쉬었다'와 '고양이가 있다'를 받았습니다. 길가에 고양이가 있었는데, 귀여워서 집으로 데려갔다. 그 뒤 함께 장난치는 사이 시간이 흐르는 걸 잊어버렸고, 다음 날 할 일이 있었지만 쉬었다.

아주 자연스러운 연결이네요. 장난치며 고양이와 함께 쉬었다는 것으로 끝내지 않고 늘려 2, 3단계를 덧붙인 점이 좋습니다. 단계 수가 많으면 논리적으로 생각하고 있다는 것을 알 수 있습니다.

저는 '주스를 마셨다'와 '천장이 떨어졌다'를 받았습니다. 주스를 마시다가 그 병을 탁자에 놓자 병이 흔들리는 것을 느꼈는데, 그 순간 지진이 일어난 것도 느껴져서 위를 올려다보자 천장이 떨어졌다.

재미있는 발상이네요. 주스의 수면의 진동을 연상할 수 있게 연결한 논리로 아주 물리적입니다. 이 이야기는 머리에 영상이 떠오르죠. 여러분의 머릿속에서 영상이 떠오르면 이긴 것입니다. 움직임을 나타내는 말을 들으면 상상하게 되죠.

영상이 떠오르면 사람들은 대게 설득당하는데, 수학의 논리 중에는 사실 영상도 들어 있습니다. 이것은 다음 번 수업 시간에 다시 이야기합시다.

이런 식으로 한눈에 그 이유를 알 수 없는 것을 점점 연결해 가는 활동이 수학에서도 중요합니다. 두 개의 개념을 어떻게 논리적으로 정밀하게 연결할까. 이것이 수학 실력 향상에 가장 효과적이라고 말해도 좋습니다.

방향은 무한, 답은 하나가 아니다

세상에서 수학의 가장 중요한 역할 중 하나가 '예측'입니다. 날씨가 어떻게 될까, 내년 경기는 어떻게 될까, 다음 대지진이 일어나는 곳은 어디일까, 여러 가지에 대해 예측할 수 있다면 신나겠죠.

예측할 때는 결승점에 뭐가 나올지 알 수 없습니다. 방금 한 놀이는 답이 있는 상태에서 서로 연결하는 방법을 생각했지만 답이 없을 때에는 처음부터 한걸음 한걸음씩 찾아갈 수밖에 없습니다. 예를 들어 10년 후에 일본이나 지구가 어떻게 되어 있을까 하는 것은 논리를 사용해서 한걸음 한걸음 예측해갑니다. 그렇게 해서

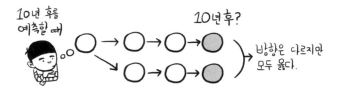

무엇인가를 찾아서 도착한 지점은 사람마다 다릅니다.

수학에서는 하나하나 쌓아올리는 것을 정확히 하지 않으면 안 됩니다. 그렇지만 방향은 무한가지가 있습니다. 'A가 맞다' 그리고 'B도 맞다'는 경우도 있을 수 있습니다. 쌓아올린 하나하나가 맞다면 다른 방향으로 날아가도 괜찮습니다.

따라서 처음에 '수학은 답이 하나다'라고 말하는 사람이 있었지만, 사실은 어느 정도까지 가면 답은 하나가 아니게 됩니다. 한 단계씩의 논리에서는 답이 하나뿐일 수밖에 없지만 가정과 조건에 의해 몇 가지로 갈라질 수 있습니다. 갈라짐이 많으면 답도 여러 가지가 나옵니다. 그리고 어떤 조건이 성립하면 어떤 답이 되는가를 정리하는 것이 수학입니다.

여러분은 고등학교 1학년생으로 수학을 배워가고 있지요. 지금 여러분이 배워가고 있는 것이 무엇인가 하면, 이 한 단계 한 단계씩 '쌓는 법'을 배우고 있는 것입니다. 식변형이라는 것도 바로 이것인데, 바르게 식변형하는 법을 배워서 논리의 계단을 오르는 무기를 손에 넣는 단계입니다. 우리 정도 되면 여러 가지 종류의 무기를 갖고 있으므로 '이 길이 아니면 다음에는 다른 길로 가보자'와 같이 여러 가지 방법으로 문제를 해결할 수 있습니다.

이번에는 대학 수학까지 사용해서 여러 가지 논리와 날 수 있는 방법을 알아봅시다. 여러분이 '수학이라는 도구를 이용하여 어떻게 날 수 있을까?' 하는 이미지를 머릿속에 가졌으면 합니다.

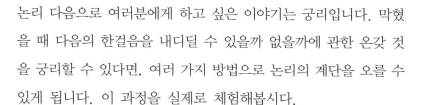

다음의 한걸음을 내디딜까 말까

논리 다음으로 여러분에게 하고 싶은 이야기는 궁리입니다. 막혔을 때 다음의 한걸음을 내디딜 수 있을까 없을까에 관한 온갖 것을 궁리할 수 있다면, 여러 가지 방법으로 논리의 계단을 오를 수 있게 됩니다. 이 과정을 실제로 체험해봅시다.

노트에 두 개의 점을 그리고, 두 점을 자로 연결해주세요.

이 선은 두 점 사이를 잇는 가장 짧은 거리를 나타내고 있습니다. 굽은 쪽보다 팽팽하게 잡아당긴 쪽이 당연히 짧습니다.

그럼 이 논리를 사용해서 다음 문제를 풀어주세요.

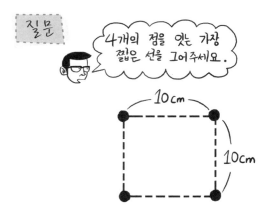

한 변이 10cm인 정사각형이 되도록 4개의 점을 그립니다. 이 4개의 점을 모두 선으로 이으세요. 그리고 이은 선의 길이가 가장 짧게 되는 연결 방법을 생각해서 자로 재어보세요.

예를 들어 4개의 점을 여러분과 친구들의 집이라고 생각해보세요. 이 4채의 집을 연결하는 도로가 필요한데, 이때 되도록 빠르게 모든 집을 지나갈 수 있는 선을 찾으려는 문제와 같습니다. 이것은 전자 부품에 사용되는 프린트 기판(基板, 전기회로의 배선이 엮여진 판)의 배선 길이를 되도록 짧게 해서 비용을 절약하는 등의 현실적인 문제와도 관련이 있고, 실제로 여러 가지 문제를 해결하는 데 사용되는 문제입니다.

어떻게 연결해도 좋으니까 선을 여러 가지 방법으로 그려보세요.

…… 점점 수학적으로 되어가죠(웃음). 어때요. 알아낸 사람 있나요?

가위표 모양의 도로인가요?

그렇죠. 우선은 가장 짧은 직선이라고 했기 때문에 제일 먼저 떠오르는 것이 가위표 모양의 직선일 거예요. 하지만 모두가 '이렇겠지'라고 생각하는 것을 부정하는 것이 수학의 힘입니다. 수학을 사용하면 지극히 평범한 상식을 파괴할 수 있습니다.

먼저 가위표로 이었을 때 선의 길이는 모두 어느 정도였나요?

28.3cm입니다.

그럼 그것보다도 짧은 것을 한번 찾아봅시다. 어려우니까 못해도 할 수 없지만 시행착오를 해보세요. 어떨까요? 이것은 계산하면 꽤 귀찮으므로 직관으로 뻥~

음, 좀 둥근 것일까요?

아니, 그렇게 하면 곡선이 되므로 길어져요. 직선만 사용하세요.

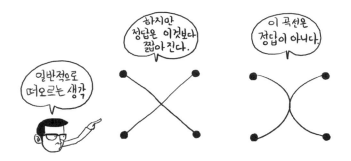

…… 대충 둘러봤는데, 정답에 아주 가깝게 그린 사람이 한 명 있습니다. 모두 봅시다.

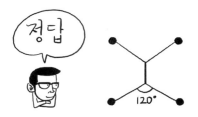

위와 같이 잇는 방법인데, 가위표가 아니고 선이 중앙에 하나 들어가 있어요. 정답은 이것입니다. 선의 길이는 27.3cm예요.

이 문제의 핵심은 세로선과 교차하는 두 개의 선의 각도가 120도라는 것입니다. 120도로 해서 이으면 대각선보다 짧게 됩니다.

가장 짧게 이으려면 점끼리 대각선으로 이은 직선이라고 생각했을지 모르지만 사실은 이것이 가장 짧은 거리로 이은 것입니다. 비스듬한 점 두 개만 따져볼 때는 정답처럼 선을 이으면 더 길게 되지만, 네 점을 모두 이었을 때는 정답처럼 선을 긋는 것이 대각선보다 짧게 되는 것입니다.

그 이유는 한가운데의 세로로 곧게 뻗은 부분의 선이 비스듬한 방향으로 나아가는 두 선에 공통으로 사용되기 때문입니다. 두 점일 때는 직선이 아니면 손해지만, 네 점일 때는 공통으로 사용되는 부분이 있기 때문에 꺾인선 쪽이 짧게 됩니다. 위아래의 V 모양을 보면, 점선의 대각선보다 실선 쪽이 짧죠. 가운데 세로선

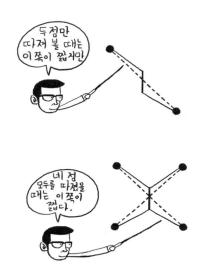

을 더해도 이쪽이 짧습니다.

그런데도 대각선이 가장 짧을 것이라고 모두가 무심코 생각해 버립니다. 무심코 느끼는 것은 어느 정도는 맞지만 실수를 범하기도 하는 것입니다. 이런 실수를 범하는 부분에 수학을 사용하면 좋습니다.

그런데 어째서 120도인가요?

수식을 잘 풀어서 가장 짧은 거리를 계산하면 120도라는 각도가 나옵니다. 사실 여러분이 고등학교 3학년에서 배우는 미분, 적분을 이용하면 이 계산을 정확히 할 수 있습니다. 미분, 적분은 다음 번 강의에서 다루도록 하겠습니다.

그건 그렇고 이 발상까지 갔다는 것은 굉장합니다. 어떻게 이런 선을 그리려고 생각했나요?

 처음에는 대각선을 생각했고, 그 대각선에서 완전히 벗어난 선은 생각할 수가 없어서 무심코 가장 유사한 것을 그려본 것입니다.

그렇군요. 그것이 굉장히 중요합니다. 모두가 가위표 모양이라고 생각했기 때문에 정답은 이것에 가까울 것이라고 생각할 만합니다. 이럴 때 선을 약간 다르게 그려본다든지 하면서 정답에 가까울 것으로 생각되는 것에서부터 궁리해보세요. 이것이 돌파의 첫걸음입니다.

무심코 손이 움직여서 정답에 도달했다고 생각합니다. 이것도 중요한데 머릿속에서 생각만 뭉게뭉게 하고 있는 것이 아니라 모두 뱉어내도록 하세요. 손을 움직이거나 몸을 움직이라는 말입니다.

나도 연구할 때는 어슬렁어슬렁 돌아다닙니다. 다리를 움직이면 머리가 활성화됩니다. 여러분도 몰라서 막혔을 때 움직여보세요. 사실은 시험 보는 중에 돌아다니면 좋습니다(웃음). 어쨌든 몸을 움직여서 내뱉음으로써 뭔가 눈에 보이는 어떤 모양으로 나타내보세요.

'성실'과 '불성실' 사이를 왔다 갔다

수학의 경우 출발점과 결승점을 직관적으로 알고 있는 경우가 많습니다. 결승점은 '가설'이라든가 '가정' 등을 말합니다. 그리고 어느 정도까지는 증명할 수 있지만 그 이후를 증명하지 못하는 것이 흔히 있는데, 이런 것이 '미해결 문제'입니다.

이처럼 도중에 가는 길이 보이지 않게 되었을 때 다른 연결된

길로 퐁 하고 날아갈 수 있을까 어떨까 하는 데는 직관이 필요합니다. 수학을 잘하려면 논리뿐 아니라 직관이 있어야 합니다.

앞에서 답을 구했듯이 잘 모르겠어도 해보자고 생각하면 자기도 모르는 사이에 답에 도달하게 됩니다. 이때 직관이 '날다'입니다. 한 번 날면 그 후에 '논리'가 됩니다.

옛날부터 그랬습니다. 처음부터 논리가 있었을 리 없고, 수천 년 전부터 여러 사람들이 시행착오를 거쳐서 하다보니 잘되었다는 식으로 수학은 생겨났습니다. 머리 좋은 사람이 처음부터 모두 매끄럽게 풀었던 것이 아니고 가우스, 오일러와 같은 수학자들의 것도 지금 보면 증명이 틀린 부분도 있습니다. 하지만 그것을 후세 사람들이 궁리하는 중에 날아서 '가우스가 이렇게 날았지만, 그것은 결국 ……'이라고 그 뒤를 이어가는 것입니다. 도착점이 보였다면 그 다음은 누구라도 할 수 있는 것입니다.

지금 네 점을 잇는 가장 짧은 길의 모양을 저절로 안 사람이 있

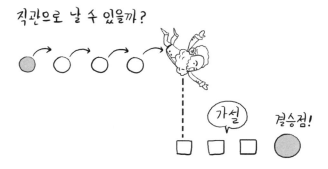

습니다. 그렇다면 그 다음에는 그 옆에 있는 사람이 꺾는 선의 각도를 잘 계산해서 '120도!'라고 알아차렸을지도 모릅니다. 이런 식으로 답을 찾아가는 것입니다.

그리고 수학을 사용할 수 있게 된 사람은 유머감각이 있는 사람이 많습니다. 놀면서 유연하게 논리와 직관 사이를 왔다 갔다 하기 때문인데, 미국인 수학자 존 내쉬는 이것을 천재적으로 적절히 잘 사용한 사람이라고 생각합니다. 내쉬는 인간 행동의 딜레마를 수학으로 연구해서 노벨 경제학상을 수상한 사람입니다. 그는 노벨상을 받게 된 연구의 근본이 된 아이디어를 21세에 발견했습니다. 그가 생각해낸 것은 친구와 술집에 놀러갔을 때였다고 전해집니다.

술집에 세 명의 여성이 왔고 내쉬와 친구는 그녀들을 헌팅하려고 했습니다. 세 명 중 한 명이 뛰어난 미인이었습니다. 물론 미녀의 경쟁률은 높을 테니 모두가 그녀를 노린다면 누구도 성공 못 할 가능성이 있습니다. 한편 그녀를 포기하고 각각 다른 여성을 노리면 모두가 헌팅에 성공할 가능성이 있을지도 모릅니다.

이런 것은 누구라도 한번쯤 생각해 볼 수 있습니다. 내쉬는 이 타협안을 깨닫고 그 후 '게임이론'이라는 인간관계를 분석하는, 수학에 있어서 어떤 혁명적인 논리를 구축하게 된 것입니다.

헌팅의 타협과 수학의 논리가 이어진다는 말인가요?

그렇죠. 그는 자기 혼자의 이익뿐 아니라 전체의 이익을 생각했을 때의 딜레마를 수학으로 잘 표현한 것입니다. 다음에 다시 자세히 설명할 것입니다.

그래서 이 업적은 그 후 현재에 이르기까지 생물학과 사회학 등 여러 분야에서 응용되고 있습니다. 그의 노벨상 수상은 아이디어 발표로부터 45년 후의 일이었습니다. 그 기구한 생애는 영화 '뷰티풀 마인드'에 그려져 있으니까 흥미 있는 사람은 꼭 보세요.

헌팅 중에 아이디어를 깨달았던 것처럼 어떤 때는 성실하게 생각하고, 어떤 때는 물렁하고 불성실하게 생각하는 것이 가능한 사람은 강합니다.

수학에만 그런 것이 아닙니다. 이과 쪽의 학문에서는 이런 방법으로 머리를 사용합니다.

수학의 지도를 머리에 넣는다

그럼 여러분이 지금까지 어떤 수학을 공부해 왔는지, 또 대학 수학이란 어떤 것인지 간단한 지도를 그려봅시다. 이런 구조를 머리에 넣어두면 지식을 쉽게 정리할 수 있게 됩니다.

고등학교에서는 미분, 적분을 배우고, 그 후에는 벡터, 도형,

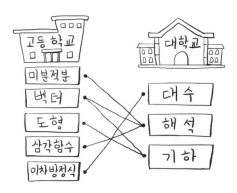

삼각함수, 방정식, 이차방정식, 삼차방정식 등 여러 가지를 배우는데, 이것은 대학생이 되면 세 가지로 나누어집니다. 즉 '대수', '해석', '기하'라고 하는 수학의 세 기둥으로 집약됩니다.

고등학교에서는 이런 분류로 배우지 않기 때문에 수학에 여러 가지가 있는 것처럼 보이지만, 예를 들어서 벡터는 기하와 해석에 속하고, 삼각함수는 주로 해석에 속합니다. 방정식은 대수, 도형은 기하, 미분과 적분은 해석에 속합니다. 결국 지금 여러분이 공부하고 있는 것은 이 세 가지 중 어딘가에 들어 있습니다.

'대수'는 수 대신에 여러 가지 문자를 잘 이용해서 방정식을 다루거나 사물을 분류하거나 혹은 대칭성과 규칙성에 대해 정리하는 것입니다. 모든 자연수는 홀수와 짝수 중 어느 한쪽으로 분류되는데 이것도 대수이고, 학급 대항으로 야구 토너먼트 시합을 할 때 모두 몇 번의 시합을 해야 할까를 알아보는 것도 대수입니다. 또 이차방정식의 풀이 공식도 대수에 포함됩니다.

‘해석’은 미분·적분과 그것으로부터 발전한 분야의 수학입니다. 실제 사회에서 응용되는 것을 생각하면 해석이 가장 중요하다고 생각합니다.

해석은 수의 이미지인 대수보다도 대상을 더 자세히 봅니다. 대수의 대상을 ‘하나하나’의 세계라고 말한다면 해석은 그것을 모두 자세히 잘라서 조사한다고 할 수 있어요. 선로의 침목이 아닌, 그 사이에 빼곡이 깔려 있는 작은 자갈에도 주목하는 것과 같습니다.

잘게 나누는 조작을 미분이라고 하고, 나눈 것을 다시 붙여서 전체를 파악하는 것을 적분이라고 합니다. 참고로 말하자면 미분은 내가 가장 많이 사용하는 무기입니다.

‘기하’는 가장 오래전부터 발달한 것으로 도형과 공간의 성질을 연구하는 것입니다. 원래 토지측량술로부터 발달한 학문으로, 예를 들어 평야의 지표는 완만하고 산간 쪽에서는 경사가 급격히 변하는데, 그 변화의 모습을 식과 수치로 잘 나타내 줍니다.

또 그림의 원근법은 현대 기하학의 바탕이 됩니다. 최근에는 컴퓨터 그래픽 표시에도 기하학이 사용되고 있고, 모두가 즐기는 게임에도 사용되고 있습니다.

그리고 실제로는 ‘확률통계’라는 분야가 하나 더 있는데, 이것은 해석의 일부에 들어가는 것도 있고, 그 응용 분야로 분류된 것도 있습니다. 여기서는 간단하게 대수, 해석, 기하 세 가지로 정리해 둡시다.

여러분이 공부하고 있는 것은 이 세 가지 중 어딘가에 들어가며, 점점 더 어려운 수학이 되어 갑니다. 이것이 대학에서 공부하는 수학의 이미지입니다.

수학으로 마술이 가능한가?

대수에서 처음 공부하는 것은 '군론'이라는 수학인데, 지금부터 군론을 사용한 트럼프 마술을 해봅시다.

여기에 10, J, Q, K, A의 카드 다섯 장이 있습니다. 하트, 스페이드, 다이아, 클로버 네 종류의 카드를 준비해서 각각 순서대로 늘어놓습니다.

이것을 일단 다음 쪽 아래 그림처럼 모두 순서대로 차곡차곡 겹친 후에 뒤집어서 패를 섞도록 합니다. 단 이 경우의 '섞다'라고 말하는 것은 35쪽의 위의 그림처럼 적당히 두 묶음으로 나누어 위아래의 묶음을 서로 뒤바꾸어 합치는 것을 말합니다. 몇 번을 섞어도 상관없습니다.

…… 지금 몇 번이나 섞었다면 카드 순서는 엉망진창이 됐을 것이라고 생각할 수 있습니다.

그럼 섞은 후 카드가 어떻게 되었는지 살펴봅시다. 한 장씩 넘겨서 왼쪽에서 오른쪽으로 한 줄로 순서대로 놓아갑니다.

이런 식으로 다섯 장까지 놓고 여섯 장째에는 첫째로 놓은 카드 위에, 일곱 장째에는 둘째로 놓은 카드 위에, … 이런 식으로 계속해서 놓아서 모든 카드를 네 장씩 5묶음으로 나눕니다. 그러면 카드를 섞었는데도 불구하고 네 장씩 5묶음의 카드는 묶음별

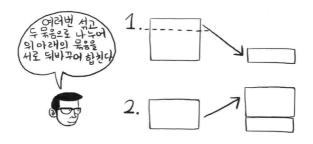

로 각각 같은 숫자가 된다는 것을 알 수 있어요.

굉장한데요.

어째서 이렇게 되는지 알았나요? 누구나 할 수 있으며, 속임수
는 없습니다. 단순히 수학의 정리, 군론의 '순환치환'을 사용했을
뿐입니다. 이것을 생각하면 군론의 진수를 알 수 있게 됩니다.

······?

잘 생각해보면 당연해서 놀랄 것도 없지만, 여기에서 당연하다

5묶음의 카드는 묶음별로 각각 같은 숫자가 됩니다.

고 생각한 사람이 있나요?

네, 설명은 할 수 없지만, 왠지 당연한 것 같다는 생각이 듭니다.

그냥 딱 봤을 때는 놀랐지만, 이것은 사실 당연한 결과입니다. 이 구조를 생각해봅시다.

숫자가 달라도 이퀄?

카드를 모두 이용해서 설명하면 어렵기 때문에 카드 여섯 장으로 설명하겠습니다. '1, 2, 3, 4, 5, 6'의 카드가 있다고 합시다. 이 것을 섞는다고 하는 것은 위에서부터 늘어놓고, 적당한 곳에서

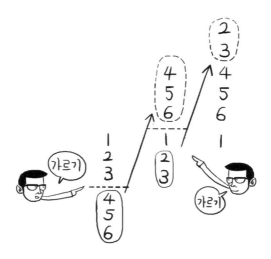

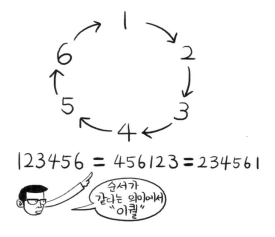

$$123456 = 456123 = 234561$$

갈라서 아래쪽 묶음을 위로 올려 놓는다는 것과 같습니다.

이렇게 하면 어떻게 되는지 살펴보면, 예를 들어 '4, 5, 6, 1, 2, 3'이 되었습니다. 어디라도 좋으니까 적당한 곳에서 잘라서 또 섞으면 다음은 '2, 3, 4, 5, 6, 1'이 됩니다. 그리고 이와 같은 과정을 반복할 뿐입니다.

그럼 여기서 바뀌지 않는 것이 무엇인지 말해봅시다. 알겠습니까?

전체 숫자가 나오는 순서성 아닙니까?

맞습니다. 자세히 보면 그 순서성은 바뀌지 않습니다. 무슨 말인가 하면 1, 2, 3, 4, 5, 6을 시계판의 숫자처럼 동그랗게 늘어놓을 때, 1 다음은 2, 2 다음은 3, 3 다음은 4, …, 6 다음은 1과 같이 됩니다. 이때 위의 예에서처럼 3에서 잘라서 4, 5, 6을 위로 올리면 4 다음은 5, 5 다음은 6, 6 다음은 1과 같이 그 순서성은 바뀌지 않는다는 말입니다.

　그러면 '123456', '234561', '345612'를 모두 '이퀄'로 나타낼 수 있게 됩니다. '숫자의 위치는 다르지만 순서는 같아요'라고 하는 '이퀄'이 '순환치환'이라고 하는 것은 결국 빙 돌아서 순서를 무너뜨리지 않고 위치를 교환한다는 의미입니다.

　5 다음에 1이 온다든가 하는 식으로 엉망으로 뒤바뀌면 같지 않으므로 이런 것은 '이퀄'로 연결이 안 됩니다.

　이와 같이 '같은 동료인가', '다른 동료인가'로 나누었을 때, 이 나눈 덩어리 하나하나를 '군(群)'이라고 합니다. 요컨대 무리 같은 것입니다. 이런 군을 사용해서 여러 가지를 분류해가는 것을 군론이라고 합니다.

　'이퀄'이라고 하는 것은 지금까지 '숫자가 완전히 같다'라는 의미로 사용해 왔죠. 이제는 그것만이 아니라 더 깊은 의미를 배우게 되는 것입니다. 이 경우는 순서성의 의미에서 '이퀄'이라고 하는 것이며 숫자가 달라도 상관없습니다.

　A = B라고 할 때, 그것이 어떤 이미지인지를 확대 해석해봅시다. 예를 들어서 '좋아하는 숫자'가 2와 3이고, 4라는 숫자는 '싫다'라고 합시다. 그럼 2와 3은 좋아하는 쪽의 군에 들어가고 4는 싫어하는 쪽의 군에 들어갑니다. 그러면 '좋다/싫다'의 의미에서 보면 2 = 3이 됩니다. 만약 10도 좋아하는 쪽에 들어가면 2 = 3 = 10

이 됩니다. 하지만 4는 같지 않습니다.

단 아무래도 걱정이 되는 사람은 '이퀄'이라는 기호를 다른 것으로 사용해도 좋고, 또한 상황에 따라서는 혼란을 줄 수도 있기 때문에 다른 기호로 사용한 경우도 있습니다. 예를 들어서 'A~B' 등으로 나타냅니다.

같은 기호 '이퀄'이라도 상황에 따라 다른 의미를 갖는다는 말입니까?

그렇죠. 뜻은 정의에 따라 변해 갑니다. 수학용어에서는 '이퀄'을 '동치류'라고 말하는데, 같은 것끼리, 다른 것끼리로 나누어 갑니다. '이퀄'이라는 기호는 어떤 판단 기준이 정해졌을 때 비로소 사용할 수 있는 것입니다.

이런 식으로 생각하는 방법은 여러 상황에 응용됩니다. 예를 들어 물질의 성질은 그 결정구조, 즉 원자와 분자의 연결 상태를 군으로 나눠서 분류합니다. 게다가 연결법이 얼마나 있는지를 남김없이 찾는 과정에서 새로운 성질을 가진 물질을 발견하는 것으로 이어집니다.

이야기가 좀 벗어나긴 했지만 이 순환치환을 알 수 있으면 트럼프 마술의 비밀을 볼 수 있습니다. 카드를 섞기 전에는 다음 쪽 위의 그림처럼 카드가 놓여 있었습니다. 이것은 어떻게 섞어도 순환치환이 되기 때문에 그 순서성은 바뀌지 않습니다.

몇 번인가 섞은 후에는 예를 들어 아래 그림처럼 됩니다. 이 순서로 놓여 있는 카드를 위에서 한 장씩 취해 다섯 장을 차례로 책

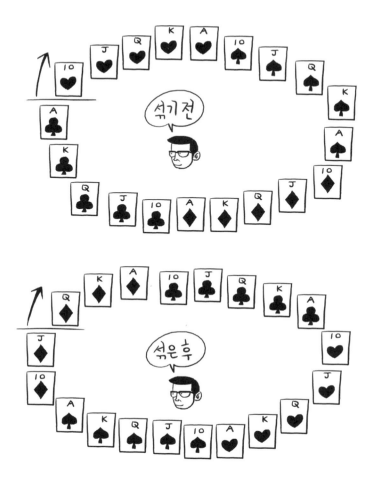

상에 늘어놓으면 Q, K, A, 10, J가 되고, 그리고 여섯 장째는
다시 Q가 되어, 이것이 첫째로 놓은 Q의 위에 놓이는 것입니다.
이제 알겠습니까?

순서성이 무너지지 않기 때문에 반드시 같은 것이 나오네요. 당연하다고 한 이유를 알았습니다.

그렇죠. 그리고 그 배경에는 '군론'이 있습니다. 이와 같은 트럼프 마술에서도 군론의 진수를 잡을 수가 있습니다.

물론 실제로 공부할 때는 기호도 나오고, 어려운 수식을 풀어야만 하는 것도 있습니다. 이번 수업에서는 이런 자세한 부분은 거의 다루지 않습니다. 만약 흥미를 갖게 되었다면 자세히 쓴 책을 찾아서 공부하세요.

수학에 있어서는 계산과 기호도 중요하지만 이런 기호에 매몰되지 않고 생각하는 방법을 배우는 쪽이 더 중요합니다. 처음에는 기호와 공식을 전혀 사용하지 않고 '왜 그런가'를 생각해보세요. 그 골격이 되는 부분을 생각하는 것이 논리와 직관을 키워주고, 큰 이미지를 파악하기 위한 힘이 됩니다.

다음 강의부터는 대학에서 공부하는 수학의 진수에까지 손을 뻗어서 그것을 무기로 사용하려고 합니다. 세상의 현상 뒤에는 여러 가지 수학 법칙이 있습니다. 수학을 사용하면 여러 가지 것이 보이고, 여러 가지 문제를 해결할 수 있게 됩니다. 이것을 함께 체감해 가고 싶습니다.

둘째 날

세상을
이해하기 위한
도구

추상력과 단순화

첫째날에는 수학에 필요한 힘과 전반적인 이야기를 다루었는데, 오늘은 우리 주변에서 일어나는 일과 세상을 좀 더 정확히 이해할 수 있도록 해주는, 그런 도구가 되는 수학을 몇 가지 소개하고 싶습니다.

특히 눈으로 볼 수 없는 것 — 사물의 배후에 숨겨져 있는 거짓, 미래의 일, 인간관계의 갈등, 지하 깊이 잠들어 있는 광물자원 — 을 찾아낼 때 사용할 수 있는 수학에 대해 이야기 합시다.

그런데 여기 모인 분들 중에서 자신이 수학을 다른 교과보다 잘한다고 생각하는 사람이 있나요? 부끄러워하지 말고 손 들어보세요. 세 사람 정도 되네요. 모두 참 겸손하군요(웃음).

평소 대학에서 가르치는 학생들을 보면서도 느끼는 건데, 수학을 잘하는 사람들은 공통적인 특징이 있습니다. 먼저 첫째날 말한 것처럼 논리를 좇는 일을 잘하고, 주의 깊으며, 돌다리도 두드려서 건너듯 한걸음 한걸음 '정말 이래도 되나?'라며 확인해 가기 위한 의심을 한다는 것입니다.

그리고 동시에 대담함도 있습니다. 진중하게 다리를 건너가다가도 어떤 장면에서는 엉뚱한 책략을 잇달아 내서 멀리 도약하는 그런 이미지입니다.

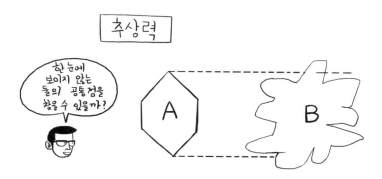

게다가 '추상력'이라는 능력이 중요합니다. 첫째날 두 개의 글을 잇는 게임을 했는데, 그런 식으로 A와 B라고 하는 완전히 다른 것을 '같다'고 말하는 것이 바로 추상력입니다. 한눈에 보이는 부분에만 혹하지 않고 A와 B의 배후를 꿰뚫는 공통점을 찾을 수 있나요? 어때요?

이것이 가능한 사람은 수학에도 강합니다. 아직 느낌이 확 오지는 않겠지만, 지금부터 여러 가지 예를 통해서 머릿속에 추상력을 새겨두세요.

그런데 여러분은 머릿속에서 사물을 추상화해서 포착하려면, 머릿속에 뭔가 복잡하고 어려운 것이 들어 있어야 한다고 생각하나요? 사실 굉장히 단순한 것밖에 들어 있지 않습니다. 여러분은 '도쿄 대학의 연구자인 니시나리는 언제나 뭔가 말도 안 되게 복잡한 것을 생각하고 있겠지'라고 상상할지도 모르지만 그렇지 않습니다. 출발점에서는 예를 들어 '뭔가가 빨갛다'라든가 '둥실둥실하다'라든가 이런 이미지로 시작합니다.

아무리 굉장한 연구자라도, 아무리 어려운 방정식을 다루고 있어도 발상하는 순간 머릿속에 있는 근본은 중학생 정도의 수준이라고 생각합니다.

1에서부터 출발해서 10이 결승점이라고 하면, 1부터 3 정도까지의 아이디어 단계의 계산은 중학교나 고등학교 정도에서 배우는 수준의 식변형을 해서 실마리를 파악해 둡니다.

아주 단순한 것밖에 생각하지 않으므로 거꾸로 말하면 간단한 것에서부터 잘 해가면 여러 가지 요소가 섞여 있는 복잡한 것에도 단순한 것이 근본이 되어 이해가 되는 것입니다. 즉 복잡한 것을 그대로 풀려고 하면 아무래도 해결되지 않으므로 단순화하는 것입니다.

수학자를 속이기 어려운 이유

수학자는 신중하다고 하는데, 속이기 어렵다고 하는 것은 수학의 장점 중 하나입니다.

예를 들어서 텔레비전에서 전문가가 '연말까지는 수출이 늘어납니다.'라고 미래의 일을 말할 때 여러분은 어떻게 받아들이나요? 정보를 접했을 때 그대로 받아들입니까? 어때요?

저는 경우에 따라 다르지만 금방 믿고 받아들이는 편은 아닙니다.

신중하군요. 수학자도 그와 같아서 '아니야, 이것은 뭔가가 뒤에 숨어 있어. 거짓말 같아.'라고 말하는 사람이 많습니다. 수학이 관련되어 있는 것에 이렇게 말하는 것이라면 그 배후에 뭔가 있다는 것을 알기 때문입니다. 그 덕분에 무엇을 속이고 있는지도 알 수 있습니다.

우리가 미래를 예측할 때, 물론 결승점은 알 수 없습니다. 그 보이지 않는 결승점을 예측하기 위해서는 여러 가지 가능성을 검토해야만 합니다. 최초의 상태가 A라는 것은 알고 있지만, 다음 시점에서 뭐가 나오느냐는 가정에 따라 달라집니다.

첫째날 수업에서 수학의 가장 중요한 응용은 예측이라고 말했는데, 신이 아닌 이상 다음에 무엇이 올까에 대해 '절대 이거다'라고 말할 수는 없습니다. 따라서 '만약 x라면', '만약 y라면'이라고 '만약'이라는 말을 붙입니다. 다음 쪽 그림처럼 '만약 y이고 게다가 만약 z였다면 2가 성립한다', '만약 y이고 더욱이 w였다면 3이 된다'라는 등으로 가지를 쳐서 뻗어가는데, 이것이 가정입니다.

예를 들어 텔레비전이나 신문에서 '2100년에는 지구의 평균기온이 4도 상승할 것입니다.' 등을 볼 수 있습니다. 그 속에는 당연히 가정이 들어 있습니다.

지구의 기후 변화는 대기, 해양, 육지 표면 등 여러 가지 상호작용에 의해서 만들어집니다. 그것을 고려해서 지구의 온도 변화

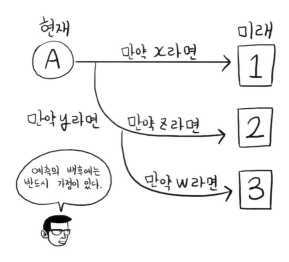

를 예측하는 것인데, 예를 들어서 지구를 둘러싸고 있는 구름은 태양의 열과 빛을 얼마나 반사하고, 얼마나 전하는지의 비율과 지구에 닿는 열이 대기에 어떤 대류를 일으키나 하는 등과 같이 사실은 알 수 없는 것이 많이 있습니다. 그런 상황 속에서 방정식을 세워서 예측해 가는 것이므로 여러 가지 가정을 둘 필요가 있고, 연구자에 따라 의견이 갈라집니다.

게다가 기후에는 '카오스'라고 하는, 수학으로는 풀 수 없는 것도 관련되어 있습니다. 이것은 수학에서 보면 느낌 같은 것이므로 카오스가 관련되면 정확한 예측은 할 수 없게 됩니다. 그러므로 예측을 연구하고 있는 사람은 카오스가 나오지 않기를 기도하면서 연구한답니다(웃음). 카오스에 대해서는 나중에 다시 이야기하도록 하지요.

여러분에게 전하고 싶은 말은 가정을 보지 않고 결론만을 받아들이는 것은 위험하다는 것입니다. 속을 위험성이 있고, 도중에 조건이 변해서 결론이 반대로 나오는 경우가 많이 있기 때문입니다.

뺑소니 사건의 진범은?

오늘은 수학을 사용해서 볼 수 있는 사물에 대해 함께 생각해 보고 싶은데, 먼저 그에 관련된 퀴즈를 내겠습니다. 여러분이 싫어할지도 모르겠는데, 확률 문제입니다.

확실히 확률은 서툴러서 싫은데 …….

서툰 사람이 많죠. 사실은 나도 사물을 사용해서 연구하고 있지만 그다지 좋아하지는 않습니다(웃음). 지금부터 이야기하는 것은 아주 유명하고도 흥미로운 뺑소니 사건의 재판 이야기입니다. 내가 목격자고 여러분은 재판장이라고 생각해 주세요.

문제 뺑소니 사건이 일어났다. 목격자인 니시나리는 택시가 사람을 쳤다고 말하고 있다.

마을에는 택시 회사가 2곳 있는데 A사와 B사이다.

A사의 택시는 검은색, B사의 택시는 흰색인데, 니시나리는 '흰 택시를 사고현장에서 보았다'고 증언했다.

목격자가 나타났으므로 범인은 B사의 누군가가 확실할 것이라고 일반적으로 생각합니다. 정말 그럴까요? 이 정보만으로 여러분은 범인이 B사의 누군가라고 확신할 수 있습니까?

아닙니다. 목격자가 있다고 해도 니시나리라는 사람이 믿을 만한 사람인가 하는 문제가 발생합니다(웃음). 만약 믿을 만한 사람이라고 확증되었다고 해도 또 다른 문제가 남아 있습니다. 어떤 문제일까요?

니시나리 씨가 잘못 보았을 가능성이 있습니다.

그래요. 어쩌면 사고 현장은 앞이 잘 안 보이는 상태여서 잘못 보았을 가능성도 있습니다. 따라서 목격자가 'B사의 택시를 (정말) 보았다'라는 확률은 좀 낮아져서 80%가 됩니다. 즉 잘못 보았을 확률도 20%나 됩니다.

그래도 '80%의 확률이 훨씬 높으니까 역시 B사가 맞을 거야.'라고 생각할 수도 있습니다.

그런데 아직 보지 못하고 놓친 것이 있습니다. 뭐라고 생각하나요?

......?

이것을 아무래도 놓치는 경향이 있는데, 처음 대전제의 조건으로 사실 가장 중요한 것입니다. 뭔가 하면 '이 마을에 A사, B사의 택시가 각각 몇 대 달리고 있는가?'라는 것입니다. '택시를 제대로 볼 확률이 80%다'라는 것을 알기 전에 먼저 택시를 '볼' 확률을 따져보아야 합니다.

'B사의 택시를 보았다'라고 말할 때, 만약 마을에 달리고 있는 택시가 모두 B사의 택시라면 어떨까요? 또 만약 B사의 택시는 1대뿐이고, 나머지는 모두 A사의 택시라면 어떨까요? 그것에 따라 'B사의 택시를 보았다'라고 하는 의미가 달라집니다. 이것을 생각하지 않고 지금 당장 눈앞에 있는 정보만으로 판단하는 것은 위험합니다. 마을을 달리고 있는 각각의 택시의 대수를 파악해야 합니다.

택시의 대수를 조사해 보았더니, B사의 택시는 15%이고, 남은 85%가 A사의 택시라는 것이 밝혀졌다고 합시다.

그럼, 조건은 이것으로 모두 정리되었습니다.

여러분이 재판장이라면 어느 쪽 회사가 범인이라고 생각합니까? 3분간 생각해보세요.

***

어느쪽이 진짜 범인일까?

대략 예상할 수 있겠습니까? 답만 말하면 뺑소니 사건의 범인은 A사의 택시일 확률이 높게 됩니다. 목격자가 'B를 보았다'라고 말했어도 수학적으로는 범인은 A사의 택시가 됩니다. 그럼 왜 범인이 A사의 택시인지 그것을 한번 밝혀보세요.

'① B사를 보고 → B사라고 정확하게 증언했다'일 때와 '② A사를 보고 → B사라고 잘못 증언했다'일 때의 두 확률을 계산하면 되죠?

①의 경우 'B사를 본다'라는 확률은 100분의 15이고, 더구나 그 증언이 정확할 확률은 100분의 80입니다. 따라서 두 확률을 곱하면 되므로 100분의 12가 됩니다.

②의 경우 A사의 택시를 보았는데도 증언을 잘못했을 때를 따져보면, A사를 본 확률은 택시의 수로는 100분의 85이고 잘못 볼 확률은 100분의 20이므로, 두 확률을 곱하면 100분의 17이 됩니다.

① B사를 보고 정확하게 B사라고 증언했다.

$$\frac{15}{100} \times \frac{80}{100} = \frac{12}{100}$$

동시에 일어났으므로 곱셈

② A사를 보고 B사라고 잘못 증언했다.

$$\frac{85}{100} \times \frac{20}{100} = \frac{17}{100}$$

그렇습니다. 이것으로도 A사의 택시를 목격했을 것이라는 확률이 높지만, 사실은 아직 정확한 확률이 나온 것은 아닙니다. 지금부터 좀 어렵습니다.

'B를 보았다'라고 말했을 때 두 종류의 확률을 내는 것만으로 답은 나오지 않습니다. 알고 싶은 것은 정말 범인이 B였을 때의 확률입니다. B를 보았다고 말했을 때 정말 B였을 확률, 또는 비율이라고 말해도 좋은데 이것을 구해내야만 합니다.

결국 '① B를 봤고 정확하게 B라고 증언'했을 확률을, ['① B를

$$\frac{① 정확히 B이다.}{① 정확히 B이다. + ② 잘못 보고 B이다.} = 진범이 B일 확률$$

봤고 정확하게 B라고 증언'했을 때 + '② A를 보고 B라고 잘못 증언'했을 때]의 확률로 나누어 보는 것이 좋습니다. 이것이 진범이 B일 확률입니다.

이것을 계산하면 29분의 12이므로 답은 41%가 됩니다.

결국 목격자 니시나리가 'B를 보았다'라고 말했을 때 정말 B일 확률은 41%입니다. 따라서 A일 확률은 59%입니다. 그러므로 수학적으로는 목격자가 'B를 보았다'라고 말한 순간에 범인은 A가 되는 것입니다.

목격자의 증언을 뒤집는 것이네요. 확실히 이런 수학의 사고법을 알고 있으면 사물을 바라보는 방법이 진중해지는 느낌입니다.

$$\frac{\dfrac{15}{100} \times \dfrac{80}{100}}{\dfrac{15}{100} \times \dfrac{80}{100} + \dfrac{85}{100} \times \dfrac{20}{100}}$$

$$= \frac{12}{29} = 41\%$$

진범이 B일 확률

진범이 A일 확률

59%

'건강식품 덕분에 이렇게 말랐습니다!'라는 광고가 있는데, 이런 것에도 속지 않게 됩니다(웃음). 왜냐하면 원래 마르기 쉬운 사람을 골랐을지도 모른다는 등의 배후에 숨겨져 있는 전제를 쉽게 눈치채게 되기 때문입니다.

이 뺑소니 사건의 경우처럼 수학의 논리를 찾아가는 것으로 누구나 옳다고 생각해버리는 결론을 뒤집을 수 있습니다. 인간의 직감이 틀렸을 때 수학은 이것을 바르게 생각하도록 해줍니다.

참고로 이것은 '베이즈 추정'이라는 수학의 사고법을 이용한 문제입니다. 앞에서 다룬 문제에서는 거리를 달리고 있는 A사와 B사의 택시 대수를 알고 있고, 각각의 확률을 구했습니다. 그러나 실제로는 이 전제 조건을 알 수 없을 때가 많습니다. 이와 같은 때에 몇 번인가 택시를 본 것을 이용해서 이 전제 조건을 역으로 추정하는 것이 베이즈 추정입니다.

예를 들어 큰 주머니 속에 빨간 공과 파란 공이 들어 있다고 합시다. 지금까지의 확률 사고법으로는 '주머니 속에 빨간 공이 8개, 파란 공이 2개 있다. 빨간 공을 뽑을 확률은?'과 같은 문제를 생각하는데, 이때 빨간 공과 파란 공의 수를 '사전 확률'이라고 합니다.

베이즈 추정의 경우는 주머니 속에 몇 개의 공이 들어 있는지, 어느 정도의 비율로 들어 있는지를 모릅니다. 결국 사전 확률을 모르는 상황에서 공을 뽑아보고, 거기서 얻은 정보로 사전 확률을 추정하는 것입니다. 모르는 것을 가정하고 시행착오를 반복해서 주머니 속에 있는 빨간 공과 파란 공의 개수를 맞춰가는 것입니다.

이와 같이 인과 관계를 반대로 찾아갈 때 유용한 것이 베이즈 공식이므로 현상의 배후를 파헤칠 때 가장 중요한 무기라고 할 수 있습니다.

이것을 푼 사람 있나요? 2명 있군요. 굉장합니다! 내가 고등학생 때는 풀 수 없었습니다.

수식에서 호흡이 들린다

수학자나 물리학자는 현상을 수식으로 표현할 때 이미지를 아주 중요하게 생각합니다. 수학을 무생물인 기호로만 볼지도 모르지만 연구자는 다릅니다. 나도 마찬가지인데, 방정식을 보면 '아아, 이것은 이런 것을 말하고 있다'와 같이 호흡 같은 것이 들리기도 하고, 풍경이 움직이는 것이 보이기도 합니다.

이런 이미지를 갖게 되면 수학과 사귀는 방법이 달라져갑니다. 여러분도 강의가 끝날 무렵에는 이런 감각을 조금이라도 잡아주었으면 좋겠습니다.

그러면 실제로 수식의 이미지 트레이닝을 해봅시다. 첫째날 단어 잇기 게임에서 누군가 답했던 수면이 흔들렸을 때의 현상을 다시 떠올려봅시다. 물이 담겨 있는 컵을 흔들었을 때의 상황을 머릿속에 좀 떠올려 주세요. 수면이 찰랑찰랑 흔들리네요. '이 수면의 모양을 풀어주세요'라고 말한다면 풀 수 있을까요?

수면의 모양을 수식으로 푼다는 의미인가요?

맞아요. 먼저 수면이 어떤 모양이 될까를 이미지화해 봅니다. 컵을 흔들면 큰 진동이 일어나서 수면이 위아래로 흔들립니다. 그리고 주위로부터 물결이 밀려들어서 둥근 물결도 생깁니다. 그리고 이것이 모여 점점 사라집니다.

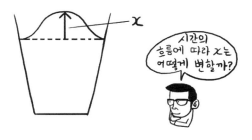

그럼 이것을 '식으로 풀어라'라고 말한다면……. 곤란해집니다. 그런데 이것을 풀 수 있습니다. 움직임의 이미지를 식으로 나타내면 됩니다.

물결이 변해서 수면이 솟아오르므로 이 솟아오름을 x라고 합시다.

시간의 흐름에 따라 수면이 시시각각으로 변하는데, 시간에 따른 변화를 나타내는 것이므로 '미분'이라는 조작을 사용합니다. 여러분은 아직 미분·적분을 배우지 않았죠?

네, 아직 배우지 않았습니다.

첫째날 수학의 지도(32쪽)에서, 미분이라는 것은 '잘게 나누는 조작'이라고 말했는데, 이것을 능숙하게 다룰 수 있으면 정말 편리합니다. 굉장한 위력을 발휘하는 최강의 도구이므로 좀 자세히 설명하겠습니다.

시뮬레이션으로 미래를 본다 : 미분

미분법은 17세기 뉴턴에 의해 기초가 쌓였고, 그 뒤 라이프니츠가 완성시켰다고 할 수 있습니다. 두 사람 중 어느 쪽이 먼저 발견했는지는 그 당시부터 논란이 있었는데, 라이프니츠가 'd'라는 기호로 미분을 표시하면서부터 단숨에 퍼졌고, 이것을 이용해서 세계 기술이 현저히 발전을 이루어갔습니다. 미분법에 의해 처음으로 여러 가지 현상을 정밀하게 푸는 방법이 확립된 것입니다.

미분은 여러 분야에서 사용되는데, 가장 대단한 것이 무엇인가 하면 미래 예측을 가능하게 해준다는 것입니다. 그때까지는 어떤 일도 실험으로 실제 시험해보든지, 느낌으로 예상하는 방법뿐이었는데, 미분으로 인해 정밀하게 예측할 수 있게 된 것입니다.

물론 모든 분야에서 사용할 수 있는 것은 아니며 인간심리나 불연속, 급격하게 변하는 현상(재료의 파괴 등)이 관계되면 잘 적용할 수 없지만, 두 가지 자연현상의 관계에 관한 것이라면 미분을 사용한 식(미분방정식)으로 모두 표현할 수 있습니다. 특히 물리학에서 다루고 있는 역학, 열역학, 전자기학, 그리고 마이크로의 세계를 나타내는 양자역학이나 천문학 등에서도 모두 미분방정식을 사용해서 해석하고 있습니다.

7년간 60억 킬로미터의 우주를 여행하고 2010년 지구로 돌아온 소혹성 조사기인 '하야부사'도 컴퓨터로 미분방정식을 풀며 이동한 것입니다. 하야부사가 우주 공간에서 다른 혹성의 영향을 받으며 어떻게 움직이는지를 아주 복잡한 미분방정식을 통해서 구한 것입니다. 이와 같은 계산이 가능하게 되었기 때문에 비로소 인공위성이 우주에 갔다 되돌아올 수 있는 것입니다.

미분은 '슬로모션'이라는 이미지로 떠올리면 알기 쉽습니다. 슬로모션 영상을 본 적이 있지요? 시계판을 점점 더 작은 눈금으로 잘게 나누어가면 앞의 눈금과 바로 그 다음의 눈금은 거의 같게 됩니다. 바로 이것이 포인트입니다.

눈으로 볼 때 변화가 커서 복잡하게 보이는 현상이라도 슬로모션으로 하면 한순간 한순간은 거의 움직임이 없습니다. 0.001초

전과 바로 지금은 거의 변화가 없습니다. 변화가 작다는 것은 그 변화를 일으키는 요인의 영향이 작다는 의미입니다.

시간의 눈금 사이를 좀 더 작게 잡음으로써 그 짧은 순간의 시간 사이에 관계하는 요소가 작게 됩니다. 이렇게 대부분의 불필요한 부분을 얇게 도려내는 것입니다. 따라서 그 현상의 인과 관계를 쉽게 파악할 수 있게 됩니다.

즉 시간을 천천히 움직이는 것으로 생각해서 아주 작은 변화를 잡아 그것을 잘게 나누고 변화에 관계하는 요인을 산출하는 것이 미분입니다. 그리고 아주 작은 변화, 즉 잘게 나누었던 것을 다시 쌓아가는 것이 적분입니다. 슬로모션이 되도록 잘게 나눈 것(미분)을 모아 다시 쌓아서 재생(적분)해 가면 현실의 변화를 더 잘 표현할 수 있습니다. 애니메이션의 이미지를 떠올려보세요. 이런 방법으로 미래를 내다볼 수 있습니다.

슬로모션이 되도록 잘게 나눈 시간에 따른 작은 변화를 표현했으므로 다음과 같은 기호를 사용합니다.

$$\frac{dx}{dt} \quad d: \text{작은 변화}\\ t: \text{시간}$$

d는 differential의 알파벳 첫글자로 '작은 차이'라는 의미입니다.

분모와 분자에 있는 'dt', 'dx'라는 것은 d와 x를 곱하는 것을 의미합니까?

왜 이런 표기법을 썼는지는 잘 모르겠어요. 하지만 곱셈은 아닙니다. dx는 하나의 덩어리로 'x가 어느 정도 변화하는가'라는 x의 변화량을 나타내는 기호라고 생각해주세요. dt도 마찬가지로 t의 변화량을 나타내고 있습니다. 미분은 변화의 비율을 나타내는 것으로 't가 변화하는 사이에 x가 어느 정도 변화하는가'라는 것이 dx/dt의 의미입니다.

수학도 어학처럼 어느 정도 외어야만 하는 부분이 있는데, 수학 기호는 어학으로 말하면 단어에 해당합니다. 단 중요한 것은 기호 그 자체가 아니라 이미지를 상상할 수 있어야 한다는 것입니다. 어학에서도 단어를 알고 있는 것만으로는 안 되며, 단어는 모르더라도 전달하고 싶은 열정이 있는 사람이 표현하는 몸짓이 단어보다 상대를 감동시킵니다. 그것과 마찬가지입니다.

작은 것은 큰 것을 겸한다

그럼 이 식을 슬로모션으로 이미지화할 수 있도록 좀 더 자세히 살펴봅시다.

분모의 dt는 짧은 시간의 변화를 나타냅니다. 예를 들어서 7시부터 7시 1초라고 합시다. 이때 변화한 시간은 1초이므로 dt는 1이 되는데, 이것은 미래의 시각(7시 1초)에서 현재의 시각(7시)을 잡아당긴 것으로 생각해주세요.

분자인 x는 변화를 관찰하고 싶은 대상을 나타내며 무엇이라도 상관없는데 여기서는 텔레비전 화면에 나오는 주인공의 움직임으로 합시다. 그럼 dx는 7시 1초일 때의 주인공 위치와 7시일 때의 위치 변화(차)를 나타내고 있습니다. 그럼 dx를 dt로 나누는 것으로 알 수 있는 것은 무엇일까요?

1초 사이에 텔레비전 속 주인공의 움직임이 얼마나 변화하는가를 알 수 있어요.

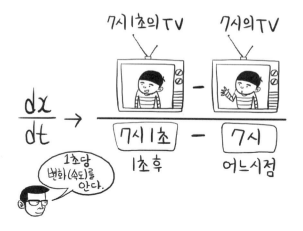

맞아요. 결국 텔레비전의 변화 '속도'를 알 수 있습니다. 그렇게 하면 2초 후, 3초 후의 변화는 1초 사이의 변화의 거의 2배, 3배로 일어날 것이라고 예측할 수 있습니다. 1초 사이에 전체 중에서 얼마나 변했는가와 같이, 단위시간당의 변화를 기본으로 해서 비를 나타내면 'x가 어느 정도 변화하는가'를 나타내기 편해집니다. dx/dt는 이런 기호인 것입니다.

지금은 1초라는 단위로 생각해보았는데, 사실 이 1초라는 단위에 그다지 연연할 필요는 없습니다. 곤충의 날개짓을 볼 때는 1초가 아닌 0.001초 정도의 짧은 시간 사이에도 변화가 연이어 일어납니다. 반대로 식물의 성장을 볼 때는 하루 단위로 해도 좋습니다.

그럼 dt를 어떻게 정하면 좋을까요? '큰 것은 작은 것을 겸한다'는 말을 떠올려보세요. 이 말을 반대로 하면 '작은 것은 큰 것을 겸한다'인데, 이렇게도 말할 수 있을까요? 어쨌든 어떤 경우라도 dt를 아주 작게 해두면 좋습니다.

식물의 성장이라도 1초 사이의 변화를 알고 있다면 하루의 변화는 그것을 반복하는 것으로 재현할 수 있습니다. 그러나 dt를 1주와 같이 처음부터 크게 잡아버리면 하루의 변화를 알아내는 것은 불가능합니다. 결국 시간의 해상도를 높게 하는 것으로 어떤 변화도 감지해낼 수 있게 되는 것입니다.

그럼 dt는 얼마로 잡으면 좋을까요?

잘 모르겠는데요, 0.000001 정도면 좋을까요?

100만분의 1초까지 작게 하면 계산할 때 어려워서 컴퓨터를 이용하더라도 시간이 꽤 많이 걸립니다. 현실 문제를 다룰 때는 0.001초 정도로 계산하는 경우가 많습니다.

결국 dt를 0.001로 해서 dx/dt의 비율을 계산했을 때와 dt를 더 작게 0.00001로 해서 계산했을 때가 사실 크게 다르지 않다는 것을 의미합니다. dt가 작아질수록 dx가 함께 작아지므로 '비의 값'은 점점 변화하지 않게 됩니다.

이것이 미분법의 가장 중요한 것으로 이 느낌을 파악했으면 이미 충분합니다. 비의 값까지 파악한 후에는 그것을 일정하게 반복해서 사용함으로써 몇 초 후, 몇 년 후의 미래를 예측할 수 있습니다.

과거를 잡아 당기는 2번 미분

그런데 미래를 예측할 때는 미분을 1번 하는 것만으로는 안 되는 경우도 있습니다. 인구 변화 등의 사회적인 현상은 1번의 미분으로 분석할 수 있는 것이 많지만, 인간이 관계하지 않는 자연계의 운동은 모두 2번의 미분을 하지 않으면 예측할 수 없습니다. 이 것이 뉴턴의 대발견 '운동의 법칙'입니다.

물체가 힘을 받아서 위치 x가 시간에 따라 변화할 때, dx/dt로 dt라고 하는 짧은 시간 사이의 위치 변화, 즉 '속도'를 나타냅니다. 위치 변화(속도)를 만들어 내는 요인은 슬로모션으로 파악해 냅니다.

$$\frac{dx}{dt} = 요인$$

변화를 만드는 것

과 같은 식을 만들어서, 이것을 풀어서 x를 구하면 이 위치 변화를 예측할 수 있을 것 같습니다.

그런데 자연계의 물체 운동은 이것만으로는 안 된다는 것을 뉴턴이 발견했습니다. 뉴턴의 운동법칙이라는 것은 '힘을 받아 변화하는 것은 속도가 아닌 가속도이다'라고 말한 것입니다.

가속도는 차의 액셀과 같은 것으로, 액셀을 밟으면 차의 속도를 변화시킬 수 있습니다. 결국 가속도라는 것은 속도의 변화를 나타내는 양입니다. 가속도가 제로라면 일정하게 같은 속도로 달리고 있는 상황을 나타냅니다.

이 속도와 가속도, 그리고 미분의 관계를 그림으로 나타내 봅시다. 시각 0(A)에서부터 0.001초(B), 0.002초(C)로 나아가려면, A로부터 B로의 1000분의 1초 후의 위치 변화가 1번 미분으로 나타내어지는 '속도'입니다. B와 C 사이의 차도 x를 1번 미분해 낸 속도인데, 이 두 개의 속도 (가)와 (나)의 차가 가속도입니다. 기호로 나타내면 x를 시간 t로 2번 미분한 것이 됩니다.

기호를 사용하는 방법에 대해 간단히 이야기하면, 미분을 나타내는 기호는 지금까지 x에 붙여서 썼는데, x에 붙어 있던 d/dt를 앞으로 빼서 하나의 덩어리처럼 다룹니다. 한 번 더 미분한다

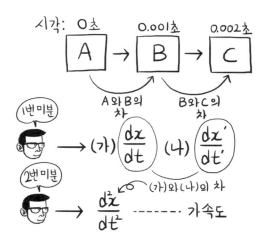

는 것은 d/dt를 한 번 더 왼쪽에 붙이면 됩니다. 이것을 정리하면 '2번 미분한다'라는 기호가 완성됩니다.

참고로 이것을 '이계 미분'이라고 합니다. 이 이계 미분이 운동을 푸는 열쇠가 되는 것입니다.

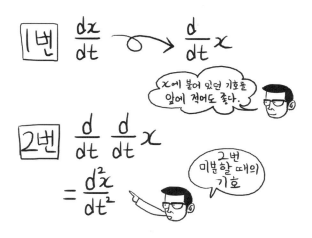

이계 미분의 이미지는 다음 쪽 그림처럼 일계 미분과 비교해서 보면 파악하기 쉽습니다. 일계 미분에서는 슬로모션으로 볼 때 '시간의 전후에 얼마나 변화했는가'와 같이 미래와 현재의 차를 보여줍니다. 결국 미래를 정하는 것은 현재의 상태뿐이라고 말해도 좋습니다.

그런데 이계 미분은 66쪽 그림의 A, B, C에서 보는 것과 같이 '과거'와 '현재'와 '미래'의 세 가지 정보가 필요합니다. '그럼 다음에는 어떻게 될까?'라고 하는 미래를 정하는 것은 '현재'뿐 아니

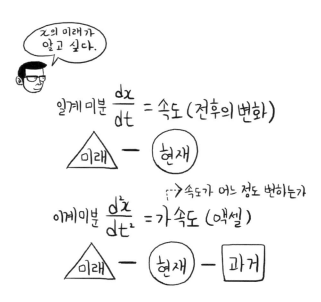

라 과거도 영향을 미친다고 생각하는 것입니다.

일반적으로 현재 상태는 반드시 과거를 잡아당기고 있습니다. 우리들도 과거를 잡아당기고 있습니다. '어제는 그런 일이 있었으니까 오늘은 이렇게 하자.'와 같이 말이죠. 그 과거를 얼마나 잡아당기고 있는가 하는 것을 이계 미분으로 표현할 수 있는 것입니다.

이런 것을 처음으로 알아채고 '위치를 이계 미분한 가속도가 물체의 변화를 정한다. 그리고 가속도를 정하는 것은 물체에 작용하는 힘이다.'라는 자연의 원리를 간파한 사람이 뉴턴입니다.

여기서 그가 발견한 법칙은

$$\frac{d^2x}{dt^2} = 요인$$

변화를 정하는 '힘'

이라고 하는 식으로, 이것을 '운동방정식'이라고 말합니다. 이것을 풀 수 있다면 모든 물체의 위치 변화를 예측할 수 있다고 하는데, 인류 역사상 영원히 남을 발견이었습니다.

왜 이게 미분으로 힘이 가속도가 되는 것입니까?

궁극적으로는 뉴턴에게 묻지 않으면 알 수 없습니다(웃음). 또는 뉴턴에게 물어도 모를 수도 있습니다. '자연계는 그렇게 되어 있으니까'라고밖에 말할 수 없으니까요.

세상만물이 어떻게 움직이고 있는지 그 이치를 나타내는 것이 '운동방정식'입니다. 이것은 '배우려 하지 말고 몸에 배도록 하라'는 말을 되새겨 보는 것이 좋겠습니다. 나도 이것을 고등학교 때 처음으로 알게 되었는데 잘 몰라서 2년간 괴로워하며 고민했습니다. 지금도 마음의 답답함이 해결된 것은 아닌데, 사용하고 있는 사이에 모두 그렇게 되어 있으므로 '당연하다'라는 식으로 몸에 배어 갔습니다.

물론 이런 것은 기분 나쁘다고 생각하는 사람도 있지요(웃음). 힘이 왜 가속도가 되는지 좀 더 깊게 생각해 봅시다.

신은 낭비하지 않는다

뉴턴의 발견을 사람들은 어떻게 이해했을까요? 나는 아인슈타인의 유명한 말 중에 '자연은 낭비하지 않는다'라는 원리를 듣고, 자연계를 좀 더 잘 이해할 수 있게 되었습니다.

무슨 말인가 하면, 예를 들어 돌을 떨어뜨리면 직선으로 곧장

아래로 떨어집니다. 나뭇잎처럼 팔랑팔랑 흔들리며 떨어지지 않습니다. 흔들흔들 떨어지면 낭비라고 생각되지 않나요? 최단거리로 떨어지면 가장 낭비가 없다와 같은 감각은 실제로 중요한데, 자연계에도 비용 의식이 있는 것이 아닐까 하고 말하는 것입니다.

신에게도 비용이라는 개념이 있어서 가급적 비용을 줄이려는 듯 자연계를 움직이고 있다고 생각하는 것입니다. 인간으로 말하면 돈을 되도록 쓸데없이 잃고 싶지 않을 텐데, 신에게 있어서 돈에 해당하는 것을 전문용어로 '작용(action)'이라고 부릅니다.

이 작용이라는 것은 고등학교 물리 시간에 가르치는 '작용 반작용의 법칙'에서 나오는 작용과는 다른 의미입니다. 아주 간략하게 말하면 에너지 같은 것입니다.

신은 작용이라는 것을 항상 점검하고, 이것을 되도록 사용하려고 하지 않습니다. 비용이 최소가 되도록 해서 자연계를 움직이는 원리를 '최소 작용의 원리'라고 합니다. 이것이 물리의 가장 기본이 되는 것입니다.

'어떻게 움직이면 낭비가 없을까'라고 하는 것은 해석의 '변분법'이라고 하는 수학을 사용해서 계산합니다. 이것은 미분의 주연과 같은 것으로, 사고법은 미분과 거의 같은데 한 단계 더 높습니다. 이 변분법을 사용해서 운동방정식의 '가속도 = 힘'이라는 식을 유도하는 것입니다.

그런데 이계 미분이 있으면 '삼계 미분'도 있을 것인데, 사실 차의 움직임은 삼계 미분이 맞다는 것이 최근에 알려졌습니다. 인간의 운전은 아주 복잡해서 액셀을 밟는 타이밍을 상황에 따라 늦게 하거나 빨리합니다. 게다가 차는 갑자기 멈출 수가 없고, 차체가 무겁기 때문에 급가속하려고 해도 한계가 있습니다. 이 때문에 가속도의 변화, 즉 위치의 삼계 미분이 중요하게 됩니다.

단면과 주역을 알고 있다

그럼 미분법의 준비가 되었으므로, 수면의 식에 관한 이야기로 돌아가 봅시다.

수면의 움직임에 따른 위치 변화를 식으로 나타내려면 먼저 수면에 어떤 힘이 작용하고 있는지를 조사합니다. 여기서 자연의 목소리를 듣는 것입니다. 수면을 지긋이 살펴보면 ……. 여기에 작용하고 있는 여러 가지 힘을 눈치 챌 수 있겠습니까?

컵을 흔들었을 때 외부에서 가해지는 힘입니다.

네, 우선 힘이 가해지기 때문에 물결이 생기는데요. 그런데 이 것은 컵의 외부로부터 가해진 힘이므로 직접 수면에 가해진 힘은 아닙니다. 수면에 직접 작용하는 힘을 골라내어 봅시다.

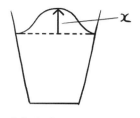

시간과 함께 x는
어떻게 변화할까?

예를 들어 컵을 흔드는 것을 멈추면, 물결은 언젠가 사라집니다. 이것은 물속에서 부딪히면서 마찰이 생기고, 이 마찰의 힘에 의해 에너지를 잃어서 물결로 있을 수 없게 되기 때문입니다. 따라서 마찰이라는 것도 관계가 있는 것 같죠.

또 다르게 관련되어 있는 힘이 있을까요?

중력 아닐까요?

맞아요. 지구가 물을 끌어당기고 있는 중력입니다. 중력이 없으면 수면은 이처럼 흔들리지 않습니다. 또 다른 것도 찾아보세요. 대략 말하면 아직 두 가지의 힘이 남아 있습니다.

수압인 것 같습니다.

그렇습니다. 물속에서는 압력이 작용하고 수심에 비례해서 깊을수록 압력이 크게 됩니다. 약 10미터 깊이마다 1기압씩 증가하므로 깊은 바다 속의 바닥은 엄청난 압력으로 인간도 간단히 찌

부러들고 맙니다. 컵 속의 물에도 수압이 있습니다. 그럼 남은 하나는 무엇일까요?

……?

힌트는 물속이 아닌 표면만을 생각해 주세요.

표면장력입니까?

그렇습니다. 컵에 물을 아슬아슬할 때까지 천천히 넣으면 표면의 정중앙 부분이 작고 둥글게 솟아오릅니다. 그 모양은 물이 필사적으로 넘치지 않기 위해서 컵에 착 달라붙어 있는 것과 같은 모양입니다. 이 힘이 표면장력입니다.

물의 표면은 고무막같다는 이미지를 가지면 좋을 것입니다. 고무막은 늘리거나 줄이거나 해도 다시 원래대로 돌아갑니다. 수면도 이와 같습니다. 수면의 변화량인 x가 클수록 원래대로 돌아가려는 힘이 강해집니다.

이 이미지를 가지면 물결이 움직이는 모양도 점점 보이게 됩니다. 고무막의 어딘가를 두드리면 이 진동이 주름이 되어 주변으로 넓게 번지는데, 이것과 같은 것이 수면에서도 일어나는 것입니다.

그럼 이상으로 주연은 정리되었습니다. 이 힘들이 서로 얽혀서 물결을 만들어 갑니다. 물론 이것을 정확하게 식으로 나타내는 것은 대학교 3학년 정도의 문제이므로, 오늘은 간략하게 '물결의 상하 움직임'에 대해 생각해봅시다. 이와 관련해서 현상을 다룰 때는 처음에는 '어떤 단면으로 볼까'를 정합니다. 이 단면에 대한 정답은 없으며, 그것이 연구자의 개성이 됩니다.

물결의 상하 움직임을 생각할 때는 여러 가지 힘 중에서 단 하나의 힘인 표면장력에만 주목합니다. 사실 이것만으로 수면의 잔 물결을 만드는 본질을 이해할 수 있습니다.

그 외 다른 요소는 무시해도 됩니까?

앞에서 이야기한 것처럼 여러 가지 힘이 가해지고 있지만, 수면의 상하 운동을 보는 것으로만 한다면 표면장력 이외의 힘은 크게 영향을 미치지 않습니다. 예를 들어 다른 힘을 넣는다고 해도 지나치게 수식이 복잡하게 될 뿐, 있어도 없어도 거의 바뀌지 않습니다. 나도 처음에는 많은 요소를 넣어서 식을 세웠지만 막상 풀어보면 '뭐야, 필요 없잖아'라는 것을 알아차리게 되었습니다.

슬로모션으로 볼 때 무엇이 효과가 있는지를 살펴보고, 필요 없는 것을 버리면서 사물의 본질을 끝까지 파악해 가는 것도 중요합니다.

실마리를 잡아 '흔들흔들 식'을 찾는다

그럼 표면장력에 주목한 '파의 변화의 수식'을 세워봅시다.

여기서 뉴턴의 운동방정식을 사용하는데, 먼저 수면의 위치 x 를 이계 미분한 것을 좌변에, 우변에는 작용하는 힘인 표면장력을 이퀄로 연결합니다. 사실은 좌변에 질량이 들어가는데, 세세한 것은 생략합시다. 질량은 상수이므로 운동에 의해 변하지 않는데, 이런 양은 여기서는 무시해도 지장이 없습니다.

표면장력은 위치 x 가 커질수록 처음 상태로 되돌리려고 합니다. 결국 표면장력은 x 에 비례해서 처음으로 되돌리려는 힘입니다. 이렇게 해서 다음과 같이 됩니다.

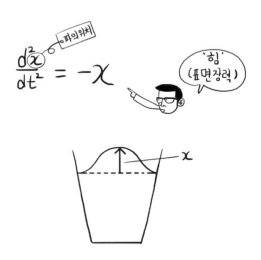

'$-x$'가 표면장력으로, 마이너스가 '되돌리려 하다'라는 의미를 나타내고 있습니다.

왜 위치 'x'가 표면장력의 '힘'이 되는 것입니까?

그것은 중학교 때 배운 위치와 힘의 관계를 나타내는 '훅(Hooke)의 법칙'(=탄성의 법칙)을 생각해봅시다. 용수철과 추에서 용수철에 걸려 있는 힘이 있지요. 용수철에 100그램의 추를 매달면 5센티미터, 200그램은 10센티미터 아래로 내려갑니다. 추의 무게가 배가 되면 용수철의 늘어짐도 딱 배가 됩니다. 이것이 훅의 법칙입니다.

표면장력이 어떻게 일하고 있는지 표면의 일부분을 취해서 살펴봅시다. 수면에 일하고 있는 힘은 다음 쪽 위의 그림처럼 분석할 수 있습니다.

다음 쪽 아래에 있는 세 방향의 화살표 그림처럼 혼자서 대각선 방향으로 잡아당길 때와 둘이서 아래와 왼쪽 방향으로 잡아당길 때의 A점에 걸린 힘은 같습니다. 물결의 표면에서도 같은 구조로 힘이 일하고 있습니다.

지금은 x의 상하 움직임에 주목하면 되므로, 위치 x의 상하 변화에 영향을 주는 것은 수면의 아래로 향하는 힘입니다. 남은 가로 방향의 힘은 두 개의 작은 화살표가 균형이 맞아서 사라져 버리므로 무시해도 좋습니다. 표면장력의 아래 방향의 화살표가 물

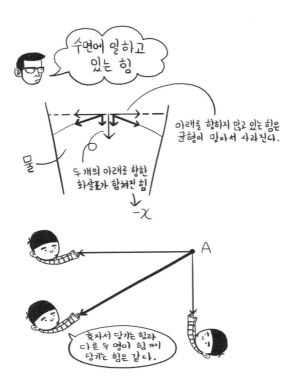

결의 상하를 정하는 힘이 됩니다. 참고로 아래 방향의 화살표는 두 개의 작은 화살표가 합쳐진 크기로 됩니다. 이것은 표면의 위치가 솟아오르면 솟아오를수록 크게 됩니다.

'$-x$'의 마이너스는 x가 위쪽을 향할 때 '플러스'를 취하므로, 그 반대라는 의미에서 붙인 것입니다. 사실 훅의 법칙에서는 비례상수도 붙이는데, 질량을 무시한 것과 같은 이유로 여기서는 생략합니다.

이제 좀 알게 되었습니다.

잘됐습니다(웃음). 이제 조금 더 살펴봅시다. 이 식을 풀면 다음과 같은 답이 구해집니다.

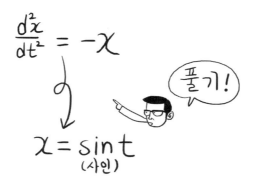

'sin'은 삼각함수이며 시간 t와 함께 흔들흔들 흔들리는 진동현상을 나타냅니다.

……?

왜 돌연 삼각함수가 나오는지 모르겠지요? 성실하게 계산해도 나오지만, 아주 수고롭기 때문에 이번에는 실마리를 잡는 방법을 생각해봅시다.

먼저 이 운동방정식을 풀어서 x를 구한다는 것을 퀴즈 형식으로 써보면 '이계 미분해서 마이너스가 붙는 함수는 뭘까?'가 됩니다.

수면이 흔들리므로 '흔들흔들'을 나타내는 함수가 답에 반드시 등장하는데, 바로 삼각함수입니다. 진동하는 듯 운동하는 경우 반드시 답의 일부에 삼각함수가 들어 있다고 생각하면 틀리지 않습니다.

삼각함수는 아직 배우지 않았을 것이므로 간단히 설명하겠습니다. 운동장에서 반지름이 1인 원을 그리면서 같은 속도로 반시계 방향으로 빙글빙글 돌고 있는 사람을 떠올려 주세요(아래 그림의 왼쪽). 그림에서 세로의 x 방향이 중요한데, 달리면서 위쪽에 있는 보물에 가까워졌다가 멀어졌다가 하는 것을 반복하고 있다고 합시다.

이 원운동의 관점을 바꿔서 시간(t)의 축과 세로의 x축만을 취해서 '시간이 진행됨에 따라 보물과의 거리가 어떻게 변화하는가'의 그래프를 그립니다(아래 그림의 오른쪽). 그럼 x축의 1과 -1 사이를 흔들흔들 하는 움직임이 보이는데, 이것이 $x = \sin t$라는 삼각함수입니다. 학교에서는 $y = \sin x$라는 기호로 배울 것입니다.

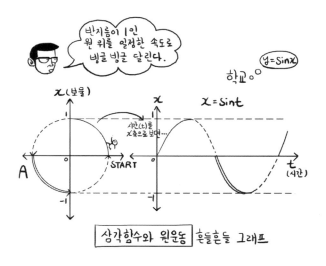

삼각함수와 원운동 | 흔들흔들 그래프

이 $x = \sin t$가 답이 아닐까 하는 실마리를 잡았으므로, 여기서는 삼각함수를 이계 미분해 보면 어떻게 될까요?

교과서에도 써 있기 때문에 자세한 것은 생략하는데, 미분은 '접선의 기울기를 구하는 조작'이라고 말할 수 있습니다. dt만 변화했을 때의 dx가 변화하는 비율 dx/dt는 바로 그래프의 어떤 한 점에서 접하고 있는 직선의 기울기로 나타나기 때문입니다.

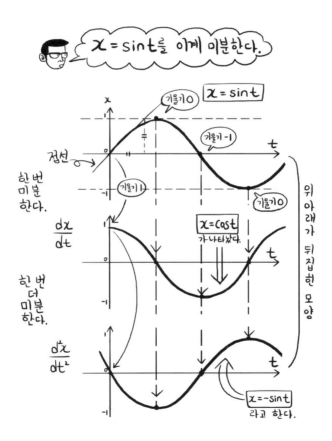

따라서 $x = \sin t$ 곡선의 각 점에 대한 접선을 긋고 그 기울기를 구해서, 그 값을 그래프에 그린 것이 $x = \sin t$를 미분한 답이 되는 것입니다.

$x = \sin t$를 일계 미분해서(t가 0일 때는 접선의 기울기 1, t가 $\pi/2$일 때는 접선의 기울기 0, …) 그래프로 나타낸 것이 앞 그림의 가운데 그래프입니다. 가운데 그래프의 세로축은 일계 미분입니다. 이 구불구불한 모양은 $\sin t$와 같은데, 약간 가로로 더 이동해서 움직이고 있네요. 이 함수를 $\cos$ (코사인)이라고 부릅니다. 결국 사인을 미분하면 코사인이 되는 것입니다.

그리고 마찬가지로 이것을 한 번 더 미분한 것이 제일 아래의 그래프인데, 이것이 $x = \sin t$를 이계 미분한 것입니다. 이 그래프는 $x = \sin t$의 그래프를 위아래로 뒤집은 모양이 되는데, 이것을 어떻게 나타내면 좋다고 생각하나요?

플러스와 마이너스가 반대이므로 마이너스 기호를 붙여서 나타내면 좋겠네요.

자, $x = -\sin t$가 되었습니다.

여기서 '이계 미분해서 마이너스가 붙는 함수는 뭘까?'라는 퀴즈의 답이 $\sin t$라는 것을 알 수 있습니다. 따라서 물결의 식은 $\dfrac{d^2 x}{dt^2} = -x$, 해는 $x = \sin t$가 되는 것입니다.

그래프에서 이제 미분의 답을 유도해 내는군요. 그래도 처음에는 '사인'이라는 실마리를 잡은 것이 포인트라고 생각했는데, 실마리를 잡는다는 것은 여러 가지 알고 있지 않으면 어렵네요.

어려운 듯하지만, 그래도 함수 모양을 몇 가지 알고 있으면 대게 답을 예상할 수 있습니다. 게다가 함수 종류는 고등학교 때까지 배운 것으로 거의 ok! 대학에 들어가면 더 복잡한 함수를 배우지 않을까 생각할지도 모르지만, 특수한 분야 외에는 이과대학에서조차 고등학교 때까지 배운 함수만으로 충분합니다.

컵 속의 물결 현상을 식으로 나타내고 풀어보면 위치 x는 상하로 진동한다는 답이 나옵니다. 이렇게 해서 사인 그래프를 눈여겨보면, 물의 표면 전체가 파도처럼 움직이고 있다는 느낌이 전해져 오겠죠.

앞으로 파도를 보면 삼각함수를 떠올릴 것 같아요.

좋네요(웃음). 그런 것이 중요합니다. 실제로는 여러 장소에서 이 x가 상하로 움직이면서 물결을 만듭니다.

둥근 컵의 경우는 컵의 안쪽 벽에서부터 반사한 물결이 둥근 모양이 되면서 중심으로 향하는 모양도 볼 수 있습니다. 이것은 큰 북이나 팀파니를 두드릴 때의 막의 진동과 같습니다.

팀파니 위에 모래를 뿌려 그 상태로 두드려 보면 진동으로 모래가 이동합니다. 그렇게 하면 진동이 큰 x의 위치에는 모래가 없게 되고 그다지 진동이 크지 않은 부분으로 모래가 모여 가는데, 나무의 나이테처럼 멋진 모래 무늬가 나타나게 됩니다.

이 모양의 패턴은 두드리는 힘 등에 의해 변하는데, 모래 무늬의 패턴도 앞에서처럼 비슷하게 식으로 풀 수 있습니다. 그 답은 삼각함수를 조금 더 복잡하게 한 '베셀 함수'로 표현됩니다.

수학과 물리에서는 이와 같은 현상을 풀어갑니다. 여러분이 느낀 생각을 식으로 번역할 수 있다면 승리한 것입니다. 따라서 과학자가 수식을 보면 '아, 수면이 움직이고 있네. 누군가가 흔들고 있구나.'와 같은 이야기로 보여집니다.

이것도 '추상력'의 하나인데, 분명하지는 않지만 상상할 수는 있겠죠.

인간관계의 갈등이 풀린다? - 게임이론

수학은 인간의 마음속에 있는 고민을 다루는 것도 가능합니다. 그런 감정에 휘감겨 있는 너무나 인간적인 것은 수학자가 다룰 대상이 아니라고 생각하지요. 그런 생각을 치고 들어가는 것이 '게임이론'이라는 수학의 한 분야입니다.

우리들이 고민하는 대부분의 문제는 인간관계에 관한 것입니다. 가족 간의 갈등, 학교에서 친구들과의 사귐, 연애, 회사에서의 상사와 부하의 관계 등에서 누구나 뭔가 갈등을 겪은 경험이 있을 것입니다. 기업 간의 경쟁과 나라 간의 싸움 역시 인간관계 문제라고 말할 수 있습니다.

게임이론은 인간관계를 분석하는 학문으로, 우리들이 안고 있는 모든 문제를 일종의 '게임'으로 포착하는 것입니다. 게임이라고 해도 오락용 게임이 아닌 전략 같은 것입니다.

이해관계에는 다수의 경쟁자가 있고, 서로 상대가 어떻게 행동하며 나올지를 모릅니다. 이런 불확실한 상황 속에서 각각의 상대가 어떤 행동을 취할지, 또 그것에 의해 각각의 이해관계는 어떻게 될지를 논리적으로 유도하는 것입니다.

국제관계를 멀리 내다보려고 해도 서로의 나라에서 주장하는 말은 양립할 수 없는 것들뿐이겠죠. 그런 모순투성이의 관계를 분석할 때 게임이론을 사용해서 문제의 구조를 볼 수 있게 되고, 상대가 취할 행동을 예측하여 서로 협력할 수 있는 지점까지를 포함해서 예측할 수 있게 되는 것입니다.

폰 노이만이라는 헝가리 수학자가 게임이론을 만들었지만, 이 이론을 유명하게 만든 사람은 첫째날 조금 이야기한 존 내쉬였습니다. 친구들과 미녀를 헌팅할 때 떠오른 아이디어가 훗날 노벨상으로 이어졌다고 말했는데, 이것이 '내쉬 균형'이라 불리는 것입니다. 유명한 '죄수의 딜레마'라는 예로 간단히 설명하겠습니다.

어떤 중대한 범죄의 용의자 두 명을 경찰이 체포해서 취조를 하고 있습니다. 취조관은 다음과 같은 조건을 각각의 용의자에게 개별로 전했습니다.

'혹시 둘이 같이 죄를 자백하면, 둘 다 16년 형을 받는다. 둘이 함께 자백하지 않으면 2년의 가벼운 형으로 끝난다. 그러나 둘 중 하나가 자백하고 하나가 자백하지 않으면 자백한 쪽은 무죄 방면되고, 자백하지 않은 쪽은 30년의 중형을 받는다.'

두 사람의 용의자는 개별로 취조를 받고 있으므로 서로 상대가 자백할 것인지 자백하지 않을 것인지를 알 수가 없습니다. 그렇기 때문에 상대가 취할 행동을 읽어내야 하는데, 둘 다 다음과 같은 생각으로 결론을 내게 됩니다.

먼저 만약 상대가 자백을 한다고 생각해봅시다. 그럼 내가 자백하지 않을 때는 30년 형을 받고, 자백할 때는 16년 형을 받으므로 자백하는 쪽이 좋습니다. 반대로 상대가 자백을 하지 않았다고 생각해봅시다. 그럼 내가 자백하지 않을 때는 2년 형을 받고, 자백할 때는 무죄 방면이 됩니다. 결국 상대가 어떻게 나올지에 상관없이 나는 자백하는 쪽이 죄가 가볍게 됩니다. 그렇다면 상대도 같은 것을 생각할 것이므로 결국 양쪽 다 자백하고 16년 형이 확정됩니다.

그러나 이것은 다음 표를 보면 알 수 있듯이, 분명 좋지 않은 선택입니다. 양쪽 다 자백하지 않으면 둘 다 2년 형으로 끝나므

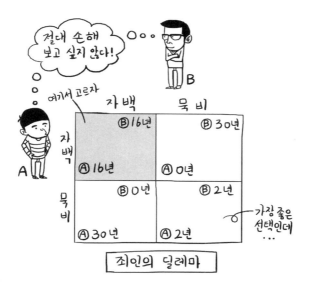

로 이것이 가장 좋은 선택인 것입니다.

이처럼 각 경쟁자가 '상대가 어떻게 나올지를 생각하고 그에 따라 자신이 손해보지 않는 행동'을 세우려고 할 때에 생겨나는 균형 상태를 '내쉬 균형'이라고 합니다. 서로에게 있어서 가장 좋은 선택이 아니라는 것은 알고 있지만, 자신의 선택을 바꾸지 않고 옭아매는 구조가 되는 것입니다.

이와 같은 합리적인 판단에 의한 균형 상태와 모두에게 최적 전략이 되는 균형 상태가 어긋나는 경우가 일어날 수도 있다는 것이 게임이론의 핵심입니다. 참고로 모두에게 최적 전략이 되는 상태는 '베스트 최적'이라고 합니다.

물론 인간의 행동은 그렇게 단순하지는 않으므로 내쉬 균형이 그대로 딱 맞아떨어질 리는 없습니다. 또 한 번으로 끝나지 않고 몇 번이나 이런 판단을 반복해서 행하는 상황에서는 경쟁자끼리 자연적인 협력 관계가 생기기도 합니다. 누구에게나 오래 사귀게 되면 상대를 배신하는 것이 어렵게 되고, 보복이 무섭기도 하죠.

경쟁자끼리 장기적인 이익을 생각해서 움직이게 되므로 내쉬 균형이 흔들리지 않고 끝나는 것도 있습니다.

어느 쪽 사회가 더 행복한가?

게임이론에 있어서 한 번이 아니라 반복해서 몇 번 게임을 실행하는 것을 '반복 게임'이라고 하는데, 이 설정에 따른 다음 문제를 생각해봅시다.

> **설정**
>
> 어떤 레스토랑이 신장개업을 했다. 요리사의 솜씨가 좋아서 음식 맛이 좋아 평판이 아주 높다.
> 단 크기가 예약할 수 없을 정도로 아주 작다. 6명까지는 쾌적하게 식사할 수 있지만 7명이 되면 꽉 찬다. 7명 이상일 때는 비좁아서 오히려 불쾌하게 되어 버린다.

나를 포함해서 여기에 있는 13명 모두가 이런 상황에 놓여 있다고 합시다. 여러분은 가능한 한 매일 밤 그 가게에 들르려고 생각하고 있습니다. 하지만 모두 한꺼번에 그 가게에서 식사할 수 없으므로 몇 명이 참고 집으로 가야만 합니다.

이때 '쾌적하게 식사를 한 정도'를 다음과 같이 득점제로 나타내봅시다.

- 가게에 가니 손님이 6명 이하였다. → 쾌적하게 식사를 즐겁게 했으므로 베스트 2점
- 가게가 비어 있었는데도 집으로 돌아갔다. → 유감스러운 마음이므로 0점
- 가게에 갔더니 7명 이상의 손님이 있었다. → 비좁아서 스트레스를 느꼈으므로 0점
- 가게가 혼잡해서 집에 갔다. → 불쾌감은 없었으므로 1점

이 설정으로 몇 번 반복해서 매번 모두의 점수를 합하여 비교해봅시다. 점수가 높을수록 만족감이 높지만, 진짜 목표는 13명 모두 합한 점수가 높게 되도록 하는 것입니다. 즉 이 13명으로 구성된 사회 전체가 행복하게 될 조건을 생각해보고 싶다는 것인데, 한 명 한 명이 취한 행동을 다음 두 가지 패턴으로 실험해보았습니다.

첫 번째는 모두가 '나만 좋으면 된다'라고 자기 맘대로 행동하는 경우입니다. 가게에 가서 즐겁게 식사를 했다면 다음날도 또 그 가게에 가려고 합니다. 집에 갔을 때 가게가 혼잡해서 느낄 불

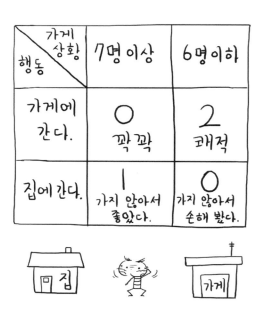

가게 행동 상황	7명 이상	6명 이하
가게에 간다.	○ 꽉꽉	2 쾌적
집에 간다.	1 가지 않아서 좋았다.	○ 가지 않아서 손해 봤다.

쾌감은 없었으므로 행운이라고 생각한다면 다음날도 그냥 집에 갑니다. 결국 득점을 얻으면 다음에도 같은 방법으로 점수를 얻으려고 하는 입장입니다.

두 번째는 다른 사람을 생각해서 어느 날 득점을 했다면 다음날에는 다른 사람에게 양보하는 것입니다. 결국 어느 날 가게에서 즐겁게 식사를 했다면 다음날은 다른 사람에게 양보하고 집에 갑니다. 혹시 집에 가서 득점을 했다면 다음날은 혼잡할지도 모르지만 가게에 가봅니다. 이것은 계속 이기려는 게 아니라 득점을 했다면 다음은 다른 사람에게 양보하려는 행동을 나타내고 있습니다.

이 두 가지의 행동법으로 게임을 반복한 경우, 어느 쪽이 모두의 득점을 합한 값이 높게 될지 알 수 있나요?

두 가지 경우의 결과가 다릅니까?

그렇습니다. 10일 정도만 해도 달라집니다.

사실은 이익을 서로 양보하는 행동을 취할 때 합계득점이 높게 됩니다. 그 차는 날이 갈수록 점점 더 벌어집니다.

서로 양보할지 어떨지로 차가 난다고 하는 것은 이상해요. 어째서 그럴지요?

한 번만 게임을 하는 경우에는 양보한 쪽이 손해인 경우가 많지만, 몇 번이나 서로 양보를 반복하는 것으로 득점을 늘려 가는 것입니다. 실제로 이 게임에 관한 실험을 사람들을 모아서 해보았는데, 서로 양보한 집단은 점점 득점이 올라가고, 게다가 개인의 만족도도 높아짐을 알 수 있었습니다.

이것은 반복 게임이론으로 나타난 결과인데, 좋은 이야기라고 생각하지 않습니까?

자신만 좋으면 된다고 생각하고 자신의 이익만 생각해서 움직이는 것을 이기적이라고 말하지요. 그에 대해 '돈이 모아진다면 다음엔 다른 사람에게 양보한다'고 말하는 것처럼 자신만이 아닌 타인의 이익도 생각해서 행동하는 것을 '이타적'이라고 합니다. 모두가 모두를 배려해서 행동하는 '이타' 쪽이 사회 전체의 행복도가 높아집니다. 이것을 게임이론으로 증명할 수 있는 것입니다.

'타인에게 배려를'이라는 말은 도덕 세계에서 말하는 것인데, '서로 양보하는 편이 사회 전체가 득이 된다.'라는 것을 수학으로 증명할 수 있는 것입니다.

참고로 내가 이타 행동에 흥미를 갖게 된 계기는 정체를 연구하는 중에 그런 실례가 많이 나왔기 때문입니다. 집단의 행동을 분석하고 있으면 '좀 참고 서로 양보하는 편이 전체가 부드럽게 흐른다'라고 하는 흥미로운 경우를 여러 가지 장면에서 볼 수 있었습니다. 이것은 또 다음에 자세히 이야기할 것입니다.

볼 수 없는 것을 소리로 찾는다 – 역문제

다음으로 우리의 안전과 안심을 다루고 있는 '역문제'라는 수학을 소개합니다.

여러분은 속이 보이지도 않고 열 수도 없는 상자가 있을 때 어떻게 속을 조사합니까?

들어서 무게를 재보거나 흔들어서 소리를 확인하거나 합니다.

그렇지요. 손에 들어보거나 흔들었을 때 어떤 소리가 나는가로 상자 속 물건을 예상합니다. 이와 같은 장면은 사회 여러 곳에서 나옵니다.

예를 들어 건물 내부 어딘가의 벽에 균열이 있는지를 조사할 때인데요. 낡은 빌딩은 자연히 콘크리트에 균열이 일어나는 일이 있지요. 여러분도 건물 벽에 있는 균열을 본 일이 있을 거예요.

밖에서 보이는 균열이라면 아직 괜찮은지 어떤지를 판단할 수 있는데, 벽 내부 어딘가에 균열이 생긴 경우에는 알아차릴 수가 없습니다. 혹시 지진이 일어난다면 벽 내부의 균열이 원인이 되어서 건물이 무너질지도 모릅니다. 그러므로 내부에 있는 보이지 않는 균열을 조사하는 기술이 중요합니다.

물고기 탐지나 지면 깊은 곳에 있는 광물 자원을 조사할 때에도 모두 같은 구조입니다. 이와 같이 볼 수 없는 속을 음파 탐지 등의 간접적인 정보로부터 찾는 것을 수학에서는 '역문제'라고 합니다.

어째서 '역'문제라고 하는 걸까요?

아, '순문제'라는 것이 있기 때문입니다. 순문제는 어떤 사물이 소리를 내서 어떻게 전달되는지를 풀어가는 것이고, 역문제는 음파를 통해 무엇이 있는지를 맞추는 것입니다. 그러니까 서로 반대입니다.

완전한 어둠 속에서 아무것도 볼 수 없을 때에도 '아!'라는 음을 내면 반사음을 들을 수 있습니다. 둘레에 벽이 있을 때와 없을

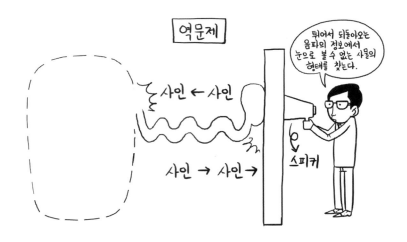

때 소리의 잔향음, 반사의 느낌이 다릅니다. 이것을 정밀하게 수학에서 분석해 갑니다.

벽의 내부 깊숙한 곳에 뭐가 있는지를 알고 싶다면 스피커를 이용하여 음파를 내서 그 전달법을 조사합니다. 음파는 파이므로 앞에서 나온 '사인(sin)'이 등장합니다. 사인이라는 파가 어떻게 전해져서 되돌아오는지는 미분방정식을 푸는 것으로 정확히 알 수 있습니다. 혹시 무언가 있다면 음파가 튀어서 되돌아옵니다. 이때의 반사파를 자세히 조사하여 눈으로 볼 수 없는 사물의 거리와 성질을 알 수 있는 것입니다.

사물과의 거리에 따라 음파가 되돌아오는 시간이 다르고, 난반사(우툴두툴한 겉면에 빛이 부딪쳐서 사방으로 흩어지는 반사)해서 일부가 돌아오지 않게 되면 그 사물은 '구멍이 나 있을지도 모른다'라는 정보를 얻게 됩니다.

반사 방법도 사물에 따라 다릅니다. 단단한 사물의 경우 에너지를 100으로 해서 보낸다면 그대로 전부 되돌아오지만, 부드러운 사물의 경우 일부 흡수되어 50밖에 돌아오지 않거나, 운이 좋으면 속에 있는 사물의 모양 모두를 반사파만으로 재현할 수 있는 가능성이 있습니다.

물론 역문제에는 한계도 있습니다. 예를 들어 페트병의 음료와 연필 높이가 같은 위치에 있다고 하면, 반사파가 되돌아오는 시간이 같으므로 거리는 알 수 있지만 그것이 무엇인지는 구별하기 어렵습니다.

이와 같이 음파만으로 물체를 상세하게 구별하는 문제는 일반적으로 풀 수 없으므로 전문 용어로 'illposed', 즉 '처음부터 설정이 나쁜' 문제라고 합니다. 큰북 소리만 듣고 큰북 모양까지 알 수 있는가의 문제인데, 다른 모양을 하고 있어도 같은 소리를 내는 큰북이 있으므로 원리적으로 풀 수 없는 문제입니다. 그 중에는 운 좋게 풀 수 있는 문제도 있으므로, 실용적으로 많이 쓰이고 있습니다.

여기서 사용하는 수학은 대학 3학년 정도에서 배우는 '푸리에 변환(Fourier transform)'의 응용으로, 분류하자면 해석 분야에 속합니다. 도움이 되는 수학이므로 흥미 있는 사람은 책과 인터넷으로 조사해보세요.

몸속을 조사하는 초음파도 역문제와 관계가 있습니까?

바로 그렇습니다. 초음파가 몸속의 내장에 부딪혀 되돌아오는 시간을 계산해서 그것을 실시간으로 영상화하는 것입니다. 뱃속 아기의 영상도 역문제를 활용한 것입니다.

풀 수 없는 문제 ①
'벽보 금지'라는 벽보

그럼 여기까지 수학의 장점을 보아 왔으므로, 마지막으로 간단하게 수학의 한계도 이야기해둡니다. 수학에는 아무리해도 풀 수 없는 문제가 몇 가지 있습니다.

먼저 본질적인 것인데, 수학은 논리가 깨져버리면 속수무책입니다. 계단을 한단씩 쌓아 올려가는 것과 같으므로, 그것이 붕괴되어 버리면 곤란하겠죠.

예를 들어 유명한 예가 있는데, '여기에 벽보 붙이지 마'라고 쓰여 있는 벽보를 발견했을 때입니다. 그것도 벽보인데요(웃음), 과연 이 벽보는 어떨까요? 위반한 것일까요, 허용되는 것일까요, 어느 쪽이라고 생각하나요? 의견이 나눠지네요. 이것은 논리의 기둥을 부숴버리는 예로, 논리적으로 결말을 짓는 것은 어렵습니다.

괴델이라는 수학자가 이와 같이 논리를 파괴하는 예를 발견했기 때문에 '괴델의 세계'라고 합니다. 이와 같은 예는 몇 가지라

도 만들 수 있습니다. 좀 복잡하게 뒤얽힌 설정으로 이발사의 역
설이라는 예를 소개합니다.

'어느 마을에 이발사가 한 명 있다. 이 마을에는 자기의 면도를
스스로 하는 사람과 스스로 하지 않는 두 부류의 사람만 있다. 이
발사는 '이 마을에서 스스로 면도를 하지 않는 사람의 면도는 모
두 내가 한다'라고 말했다. 그럼 이 이발사의 수염은 누가 깎아
줄 것인가?

　이발사가 스스로 수염을 깎는다면 자기의 면도를 스스로 하는 사람의 면도를
이발사가 한 것이므로 모순이 됩니다.

　이발사가 스스로 수염을 깎지 않으면 스스로 면도를 하지 않는 사람의 면도
를 모두 이발사가 한다고 한 말에 모순이 됩니다.

해결할 수 없는 딜레마에 빠지네요.
수학에서는 사실 이와 같이 논리가 파탄이 나버리는 예가 있습니다.

이 피할 수 없는 숙명을 정리한 것이 '불완전성정리'인데, 괴델이 수학의 논리는 불완전하다는 것을 정리해서 나타낸 것입니다.

수학은 어떤 것이 옳은지 옳지 않는지를 확실히 논의하려고 하는데, 논리를 전개하는 방법에 따라 어느 한 쪽이 아니라 어느 쪽의 결론도 이끌어낼 수 있게 된다면 큰일이지요. 이런 것이 경우에 따라서는 일어날 수 있다는 것이 불완전성정리입니다.

잘 생각하면 이와 같은 논리 파탄을 피해서 통과할 수 있는 방법을 찾을 수 있는데, 그것이 현대 수학의 기초의 하나가 됩니다.

여기서 파탄의 열쇠는 '자기언급'입니다. '벽보를 붙이지 마'는 그 언어의 모순이 자기 자신에게 되돌아가는 느낌이 들죠. 이런 탓에 사고의 미궁에서 나올 수 없게 됩니다. 이것을 이해하고 사고를 정착시키기 위해서는 어떻게 해서든 자기언급 고리를 자를 필요가 있습니다. 결국 자기 자신에게 되돌아오지 않게 하면 됩니다. 벽보의 예에서는 '이 벽보는 예외입니다.'라고 정해버리면, 이 벽보는 규칙의 적용에서 벗어나게 됩니다.

그럼에도 불구하고 이 문제는 아주 어렵습니다. 나는 불완전성정리는 신이 인류에게 만든 뇌의 '버그'가 아닐까 하는 생각을 합니다. 이것은 수학 기초론이라는 분야에서 다루고 있는 것인데, 이런 암흑을 계속 연구하고 있는 사람들도 있습니다.

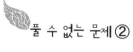
세일즈맨 문제와 상자 담기 문제

다음으로 처음에는 풀 수 있을 것 같은 문제라고 생각되는데 결국은 불가능한 문제를 소개해보겠습니다. 첫 번째는 '세일즈맨 문제'입니다. 세일즈맨이 모두의 집을 하나하나 돌아다니면서 보험에 대해서 설명을 하고 마지막에 회사로 돌아가려고 합니다. 이때 어떤 경로로 돌아야 한 번에 이동하는 거리가 짧아서 효율이 높을까요? 간단한 경로라면 가능한데, 사실 이 문제는 일반 사람들이 수학으로 풀 수는 없습니다.

도로가 많기 때문에 방문할 집이 늘면 컴퓨터도 손을 들 수밖에 없습니다. 집의 수가 100만 채라면 현재의 컴퓨터가 최고 속도로 계산한다고 하더라도 수억 년은 걸립니다. 모든 경우의 조합에 대한 수는 대단히 커지고, 계산기로 남김없이 조사하는 것이 불가능하게 됩니다. 이것을 '조합의 폭발'이라고 합니다.

유사한 문제로 '상자 담기 문제'라는 것도 있습니다.

크기가 같은 작은 정육면체 상자가 여러 개 있고, 그것을 큰 정육면체 상자를 만들어서 그 속에 넣은 후 운송하려고 합니다. 운반 시의 낭비를 줄이기 위해서 될 수 있는 한 틈 없이 움직이지 않게 효율적으로 채우고 싶습니다. 작은 상자를 4개 보내고 싶을 때는 그것을 꽉 채워서 보낼 수 있는 큰 정육면체 상자를 만드는 것이 어렵지 않습니다. 그럼 5개라면 어떨까요? 한 모서리의 길이를 될 수 있는 한 짧게 해서 만든 큰 정육면체 상자를 어떻게 만들면 좋을까요?

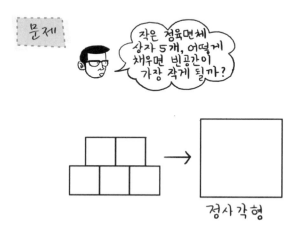

정사각형

아마 얼핏 생각하면 아래와 같이 생각할지도 모르지만 더 작게 되도록 하는 방법이 있습니다.

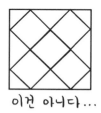

이건 아니다...

이것인가요?

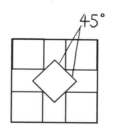

정답! 한가운데에 놓인 상자를 45도 기울여서 접하도록 밀어 넣으면 큰 상자의 한 모서리의 길이가 가장 짧게 됩니다. 이것을 발견하려면 어느 정도 감각이 필요하답니다. 수학에서 계산할 때는 대개 예상을 짜내보며, 미분법 등을 사용해서 상자가 들어가지 않는 빈 공간 부분이 최소인지 어떤지를 확인해 갑니다.

자, 그럼 작은 상자가 6개, 7개로 늘면 어떻게 될까요? 궁금하지요. 상자 수가 늘면 계산할 양이 아주 많아져서 역시 컴퓨터를 최대로 해서 돌려도 풀 수 없습니다.

의외로 간단한 것 같은데 잘 안 되네요. 좀 기쁜데요. 친근감도 생기고요 (웃음).

그렇죠. '경우의 수'를 세는 문제와 '조합'을 남김없이 조사하는 문제는 유치원에서부터 누구라도 익숙하게 접하는데, 그 수가 너무 많으면 최첨단 컴퓨터라도 어쩔 수 없게 됩니다.

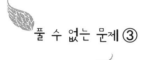

컴퓨터로 할 수 없는 것은 많이 있는데, 그 중에서도 대표적인 것 중 하나가 비선형인 '카오스'입니다.

카오스에 대한 이야기를 하기 전에 '비선형'에 대해 조금 살펴보도록 합시다. 비선형은 간단히 말하면 서로 상호작용하고 있는 상황입니다. 앞에서 이미 말했던 미분은 활용적인 면에서 최강의 도구인데, 비선형의 상황에서는 좋은 도구는 아닙니다.

미분을 사용해서 사물의 변화를 슬로모션으로 봤을 때, 그 변화를 나타내는 요인은 많이 생각할 수 있지요. 예를 들어 주가 변화를 예측할 수 있다면 돈을 크게 벌 수 있을 텐데, 미분법을 사용해서 정확하게 예측할 수 있을까요? 만약 가능하다면 누구보다도 내가 먼저 할 것입니다(웃음).

주가 예측이 어려운 것은 주가 변화는 경기 동향, 금리 변동,

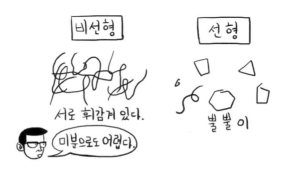

뉴스 보도 등 여러 가지 요인이 복잡하게 서로 관계하고 있기 때문입니다. 그것들이 모두 제각각 따로 효력을 나타낼 때 '선형'이라고 말하며, 이때에는 미분법이 위력을 발휘합니다. 한편 이런 요인이 서로 복잡하게 얽혀 있을 때를 '비선형'이라고 말하는데, 이런 경우에는 미분법으로는 풀기 어렵습니다.

세상은 어떤 의미로 모두 연결되어 있고, 서로 끊어져 있는 것은 없지요. 사실 세상 모든 일은 비선형이라고 할 수 있습니다. 인간 관계도 그렇고, 플러스와 마이너스의 입자가 서로 끌어당기고, 지구와 태양 사이도 만유인력으로 서로 끌어당기고 있다고 하지요. 이렇게 모든 것은 뭔가 힘으로 서로 작용하고 있습니다.

단 우주에서 서로 멀리 떨어져 있는 것들 사이에는 실제로 서로 영향을 주는 힘이 작으므로 서로 별개로 운동하고 있다고 생각해도 좋습니다. 이럴 때는 비선형이라도 선형처럼 다룰 수 있습니다.

비선형은 잘 풀 수 없는 '카오스(chaos)'와 잘 풀 수 있는 '솔리톤(soliton)'으로 나눌 수 있습니다. 솔리톤은 무너지지 않는 파의 덩어리 같은 것을 가리키는데, 셋째날 자세히 이야기합시다.

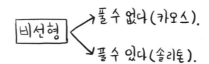

카오스는 한마디로 말하면 예측 불가능한 세계의 것을 다루는데, 카오스일 때는 유감스럽지만 미분법의 슬로모션을 이용한 예측은 어설프게 하면 1초 앞 정도밖에는 들어맞지 않습니다.

예를 들어 야구공을 쳤을 때는 공이 어디로 날아갈지 대충 예상할 수 있습니다. 그러나 럭비공을 찼을 때는 지면에서 몇 회인가 튄 뒤 어디로 갈지는 프로선수라도 알 수 없습니다. 럭비공은 구처럼 완전한 대칭형이 아니기 때문에 지면과의 접촉점이 조금이라도 변하면 튀는 방향이 아주 크게 달라져버립니다.

이와 같이 최초 상태가 조금이라도 변화하면 그 결과, 미래가 크게 변해버리는 현상을 카오스라고 합니다. 텔레비전에서 빙글빙글 도는 테이블 위에 여러 명의 사람들이 동전을 쌓아올려 가는 게임을 본 일이 있을 거예요. 누군가 동전을 쌓으면 아주 조금 어긋남이 생기겠죠. 그럼 이 어긋남이 계속 뒤에 영향을 줘서 쌓아 올라가는 모양은 매번 다르게 됩니다. 그래서 최후에는 와르

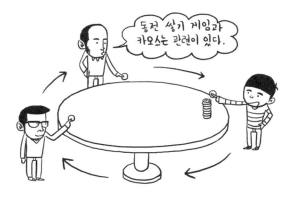

동전 쌓기 게임과 카오스는 관련이 있다.

르 무너집니다.

언제 무너질지 몰라 조마조마하며 보고 있는데 어느 순간 쌓아 올린 동전이 와르르 무너집니다. 그 순간 나는 카오스가 떠올랐습니다(웃음). 미분방정식의 슬로모션으로 쌓아 올려 가는 중에 카오스적인 요소가 들어가 있으면 그것이 미래 예측을 완전히 무너뜨려버리는 것입니다.

지금까지의 수학 상식으로는 '처음 상태에서 지극히 작게 변화된 것이라면 최종상태도 그 정도 변하겠지'라고 생각하는 것이었습니다. 그러나 카오스의 경우에는 이 상식이 성립하지 않는다는 것이 연구자에게 충격적이었던 것입니다.

또한 카오스가 있으면 컴퓨터 계산도 모두 믿지 못하게 됩니다. 왜냐하면 컴퓨터 계산에는 반드시 오차가 들어 있기 때문입니다. 컴퓨터 속의 숫자는 2진법의 '1과 0'만으로 나타내지는데, 우리들의 일상 세계는 0에서 9까지의 십진수를 사용하고 있지요. 그렇기 때문에 컴퓨터에 숫자를 넣을 때 십진법의 수를 이진법의 수로 변환시키는데, 여기서 피할 수 없는 오차가 생깁니다.

그 오차는 $0.000 \cdots 1$과 같이 아주 작을지도 모르지만, 카오스에서는 이 작은 오차로도 최종결과가 크게 달라집니다. 그렇게 되면 컴퓨터에 의한 예측은 완전히 믿을 수 없는 것이 되고 맙니다.

나는 카오스가 발생하고 있는 기미가 있으면 계산기 결과를 거의 신용하지 않습니다. 이 경우는 계산기보다 자신의 경험과 감이 맞습니다(웃음).

카오스가 되는 조건이 있습니까?

뭔가 좀 변화를 가하거나 하면, 선형에서 비선형의 세계로 이동하거나, 비선형의 세계 속에서도 솔리톤에서 카오스가 되거나 하는 것입니다.

카오스가 되는 타이밍을 결정짓는 '리아프노프(Lyapunov) 지수'라는 강력한 지표가 있습니다. 리아프노프는 이 지표를 발견한 러시아의 수학자 이름입니다. 현상으로부터 '리아프노프 지수'를 계산하고, 그 현상이 카오스가 되면, '리아프노프 지수'는 0보다 크게 됩니다. 반대로 카오스가 아니면 리아프노프 지수는 0보다 작게 됩니다. 이 지표 덕분에 카오스 판정이 용이해졌습니다.

어떤 일이라도 상호작용이 강하게 되면 비선형성도 강하게 되고 카오스가 일어나기 쉽다는 것을 기억해두면 좋겠지요.

풀 수 없는 문제 ④
모순

마지막으로 '컴퓨터로 절대로 할 수 없는 것은 무엇일까?'를 다루어봅시다. 컴퓨터에 맡길 수 없는 가장 큰 문제는 '모순'입니다. 컴퓨터에는 'A = B'와 'A는 B와 다르다'를 동시에 넣을 수 없습니다. 계산기의 논리회로가 파괴되기 때문이죠. 수학에서는 앞에서 말한 괴델의 어둠이 여기에 해당합니다.

그래도 우리들 인간은 모순투성이네요. '저 사람이 좋다. 하지만 저 사람이 싫다.'와 같은 상반된 감정을 동시에 갖기조차 하니까요. 인간은 수학의 논리 그대로는 움직이지 않고 감정적으로 행동하고 이치에 맞지 않는 행동을 취하는 경우도 많습니다. 이런 것을 계산기의 프로그램으로 단순히 표현할 수 있을 리가 없습니다.

나의 꿈 중 하나는 모순도 다루는 새로운 수학을 만드는 것입니다. 이것이 가능하다면 인간 심리까지도 포함된 더욱 피가 통하는 수학이 될 것 같습니다.

나는 '정체'를 연구하고 있는데, 이것은 확실히 모순에 가득 찬 인간의 집단행동을 대상으로 하는 것이므로, 실제로 언제나 여러 가지 경우에 부딪히게 되어 고민합니다.

예를 들어 어느 마을에 자전거 헬멧 착용을 의무화했습니다. 물론 안전을 위한 정책이었는데, 누구도 반대하지 않았어요. 그런데 그 결과 사고에 의한 사망률이 증가했다는 보고가 있습니다. 왜 그렇다고 생각하나요?

그런 일이 일어나는군요. …… 헬멧을 썼다고 운전자가 안심해버린 걸까요?

맞습니다. 차를 운전하는 사람들은 조마조마하면서 신중하게 운전했는데, 착용이 의무화된 후에는 '헬멧이 있으니까 괜찮아'라고 생각하고 자전거 가까이에서 속도를 내며 지나는 일이 많아졌습니다. 그래서 사고가 증가했다는 것입니다.

반대의 경우로는 이런 일도 있습니다. '갑자기 뛰어나오는 사람에 주의하세요'라는 표지판이 있는데도 사고가 끊이지 않는 장소가 있습니다. 일반적인 경우라면 운전자가 더 주의할 것을 바라면서 표지판을 더 크게 하거나 수를 늘리거나 하겠죠.

하지만 거기서는 왠지 반대로 표지판을 치워버린 것입니다. 그러자 사고가 줄었습니다.

에에! 표지판이 없어지고 난 후에 오히려 주의해서 운전하게 되었기 때문입니까?

네, 이런 것은 심리학 등의 분야에서 연구가 진행되고 있습니다.

이와 같은 예를 생각하면 우리들은 마음속에 모순을 품고 있기 때문에 더 인간답다는 생각이 드네요.

현실의 인간사회와 수학이 가정하고 있는 상황의 세계에는 틈이 있습니다. 모순과 딜레마 속에서 수학이 이제부터 어떻게 인간 사회의 문제를 풀어가는 것이 가능할지가 가장 어려운 부분이고, 내가 지금 가장 흥미를 가지고 있는 부분입니다.

인간 행동의 과학적 연구는 아직 초기 단계지만, 그래도 한걸음 한걸음 새로운 발견을 합니다. 정체 연구를 통해 수학과 심리학의 협력점을 발견해낼 수 있지 않을까를 항상 생각하고 있습니다.

셋째 날

수학이
현실에 적용되는
과정

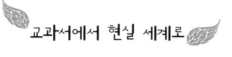

교과서에서 현실 세계로

오늘은 세 번째 수업으로 지금부터 반환지점입니다. 이번 수업에서 이 야기하는 수학은 두 가지입니다. 둘째날에도 조금 다루었던 비선형의 세계로 '붕괴하지 않는 파의 덩어리'를 푸는 솔리톤이라는 수학과 1과 0으로 복잡한 현상을 표현하는 세포자동자(cellular automaton)입 니다. 이 두 가지 수학을 사용한 나의 연구를 소개하면서 수학이 사회에 닿기까지의 거리를 이야기하고 싶습니다.

먼저 수학과 사회가 어떻게 호응하고 있는지 그 구조를 살펴보 도록 합시다. 수학에서 사회로의 흐름은 강의 흐름에 비유하면 알기 쉽습니다. 산에서 솟아난 작은 물(용수)이 점점 모여서 큰 강이 되고, 그것이 마지막에 바다로 흘러 들어가지요. 수학은 마 치 최상류에 위치한 용수와 같은 것입니다.

이 용수를 여러 가지 요소와 결부시켜 좀 더 실용적으로 키워가는 것이 물리학이고, 좀 더 현실에 응용한 연구가 공학입니다. 이것이 사회로 흘러가서 우리들의 사회에 도달하는 것입니다.

바다로 흘러 들어간 물은 증발해서 대기 중으로 올라가 비가 되어 다시 산으로 돌아가는데, 이와 같은 대순환은 수학과 사회 의 호응에도 들어맞습니다. 현실에서 발생하는 문제로부터 새로 운 수학이 생겨나기도 하므로, 전체적으로 순환을 그리는 듯한 이미지입니다.

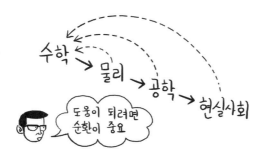

이 순환이 원활하기 위해서는 현실의 것을 추상화해서 수학의 토대로 가져가는 힘이 필요합니다. 현실의 것을 보고 식을 세우고, 또 현실의 것을 보고 식을 수정하고…… 이런 식으로 피드백의 순환을 지나면서 시간을 두고 현상을 확실하게 파악해가는 것입니다.

실제로 수학을 사용하려면 수식이 머리에 들어 있지 않으면 어렵겠네요.

맞아요. 아무리 외국 문화를 알고 있어도 단어와 문법을 모르면 대화를 할 수 없는 것과 마찬가지입니다. 수학에서도 연습이 필요합니다. 그 첫걸음으로는 먼저 앞에서 말한 것처럼 살아있는 수학의 이미지를 갖는 것이 중요합니다. 기계적으로 x와 y를 사용해서 함수를 썼다고 해도, 그것만으로는 현실과 연결 지을 수 없습니다.

둘째날 훑어본 사인, 코사인 등의 삼각함수는 현상을 파악할 때 자주 등장합니다. 음파, 전자파, 빛 등의 파는 모두 삼각함수로 나타냅니다. 삼각함수는 '흔들흔들' 상하좌우로 흔들리는 이미지로 갖고 있으면 현실에 사용할 수 있는 도구가 됩니다.

기억해 두면 편리한 함수가 하나 더 있는데, '지수함수' $y = e^x$입니다. 이것은 네이피어 수라고 하는 $e = 2.71828 \cdots$ 의 x제곱을 나타내고 있고, x가 증가하면 증가할수록 y값이 급격히 커져 갑니다.

예를 들어 사물에 균열이 생길 때 금이 가는데 이 금은 단번에 퍼져 갑니다. 이렇게 급격히 변화하는 자연현상은 지수함수로 나타낼 수 있습니다. 자연현상과 금속공학, 사회과학 등에서 급성장을 나타낼 때 반드시 등장하는 함수입니다. 이 외에도 '공진(共振)'이라는 현상에도 사용되는데, 전파의 수신과 지진이 일어난 때의 건물의 흔들림 등을 나타낼 때 사용됩니다.

둘째날 수업에서 나온 미분도 '슬로모션'이라고 생각했더니 좀 친근감이 들었습니다.

그렇죠. 게다가 수학을 머리가 터질 정도로 모두 기억하지 않

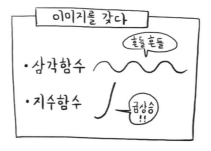

아도 삼각함수, 지수함수, 미분을 알고 있으면 상당한 곳까지 이를 수 있습니다. 최첨단의 연구를 하고 있을 때도 맨 먼저 떠올리는 이미지는 거의 이 세 가지 정도이므로 이미 이미지를 갖고 있는 수식을 늘려 가면 나중에는 필요에 따라 스스로 넓혀갈 수 있습니다.

그리고 무턱대고 암기하려고 애를 쓰기보다는 스토리로 인과관계를 파악할 수 있도록 하는 것이 좋습니다. 'A가 왔으므로 다음은 B의 함수를 원하게 되네'와 같이 자연스러운 스토리로 머리에 입력해갑니다. 이것이 가능하게 되면 지금까지와는 조금 다른 풍경을 볼 수 있게 됩니다.

네 개의 개천을 뛰어넘어

그런데 이 강의 흐름 속에 있는 수학, 물리, 공학, 실제 사회에는 각각 벽이 있습니다.

먼저 수학자와 물리학자 사이에는 문화의 차이가 있습니다. 수학은 일반적으로 이상적인 세계를 규정하고 등장인물을 모두 정하고 난 후에 연구를 시작합니다. 한편 물리는 수학에 비하면 삶의 현실을 대상으로 하는 것이 많으므로 연구의 시작점에서는 어둠에 뛰어들어가는 것과 같은 공포도 있습니다. 갑자기 생각지 못한 등장인물이 도중에 나타나서 미리 짜두었던 계획이 점점 틀어져 버리기 때문에 경험과 직관으로 논리를 보충해가면서 점점 앞으로 나아가는 이미지입니다.

이상향을 동경하는 수학자는 현실의 어수선하고 미적지근한 세계를 싫어해서 물리 쪽으로 다가가는 것을 망설이는 사람도 많습니다. 그렇게 되면 수학의 무기가 닫힌 세계 안에서만 사용되어서 잠든 채로 머무르는 경우도 있습니다.

또한 물리와 공학 사이에도 개천이 가로놓여 있어서 머리를 사용하는 방법이 서로 다릅니다. 물리 등 이과계 사람은 '왜 이렇게 될까(WHY)'와 같은 원리를 명확하게 하는 것에 흥미를 갖습니다. 그에 비해 현실 사회와 관계가 깊은 공학 쪽에서는 문제가 앞서는 경우가 많아서 '어떻게 하면 해결할 수 있을까(HOW)'와 같은 구체적인 아이디어를 생각해내는 일이 중요합니다.

공학이 현실 사회와 아무리 관계가 깊다고 해도 공학과 현실 사회 사이에도 벽은 있습니다. 당연한 말이지만 아무리 대단한 연구라고 해도 사회에서 필요로 하지 않으면 주목받지 못합니다. 그리고 현실 사회의 현장에서는 '왜 그런지 모르겠지만 이렇게 하면 잘 되네'와 같은 장인의 기술이 많이 있습니다. 현장은 연구자 입장에서 보면 보물섬입니다. 하지만 연구자가 보물을 충분히 줍고 있다고는 말할 수 없습니다.

수학에서 현실 사회로의 순환이 원활하기 위해서는 이런 개천

$$F(w) = \int_{-\infty}^{\infty} f(x)e^{-iwx}dx$$

사회　공학　물리　수학

을 뛰어넘는 가교가 되는 사람이 필요합니다. 여러분도 이런 인재가 되기를 바라는데, 그러기 위해서는 어떤 분야에서도 종횡무진으로 머리를 움직일 수 있도록 해 두는 것이 좋습니다.

나는 연구실에서 매주 외부 강사를 초빙해서 세미나를 개최하는데, 이번 주는 회사 경영자, 다음 주는 꿀벌을 기르는 사람, 그 다음 주는 스님과 같이 다양한 분야의 사람들을 초대해서 이야기를 듣고 있습니다.

재미있네요. 무슨 세미나입니까?

비선형세미나입니다. '인생은 비선형이다'라는 관점에서, 간호사를 불렀을 때는 '노인 간호에서 욕창의 문제를 수학으로 풀자'와 같이 말이죠(웃음).

엉망진창으로 보여서 '이것이 도대체 비선형과 무슨 관계가 있지'라고 생각할지 모르겠습니다. 하지만 여러 가지 공을 뒤죽박죽

섞어서 던져놓고, 우선 엉겨서 굳어버린 생각을 풀어가고 싶은 것입니다. 이것을 몇 년 되풀이하면 머리 회전이 잘 돼서 어떤 것에도 잘 대응할 수 있는 인재가 되지 않을까 하고 기대하고 있습니다.

부서지지 않는 파의 덩어리를 풀다 – 솔리톤 이론

그럼 실제로 내가 연구에 수학을 응용한 예를 몇 가지 소개하겠습니다. 사회와 연결할 때는 '수리 과학'이라고 하는 수학과 물리의 딱 중간 정도 영역의 도구를 사용하는 일이 많습니다. 이것은 응용 수학의 새로운 분야로, 여러 가지 최신 무기가 즐비해 있습니다. 그 중에서 내가 박사과정 때 푹 빠져 있던 것이 '솔리톤 이론'이라는 수학이었습니다. 우선 내가 처음에 솔리톤 이론을 사용해서 상품 개발에 관계했던 이야기를 하겠습니다.

앞에서 비선형에는 두 가지가 있는데 '풀리지 않는 것은 카오스, 풀 수 있는 것은 솔리톤'이라고 말했지요. 솔리톤 이론은 대수와 해석을 합한 대수해석이라는 분야에 속한 것으로 그 근본에 있는 이론은 사실 굉장히 어렵습니다(웃음). 1960년부터 1980년 사이에 일본인이 중심이 되어 기초를 쌓아올린 이론으로 현재까지 계속해서 진보하며 연구가 진행되고 있습니다.

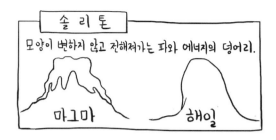

솔리톤은 '무너지지 않는 파'로, 모양이 변하지 않고 전해져가는 파와 에너지의 덩어리를 말합니다. 몰려오는 해일과 분화에 앞서 땅 밑에서 마그마가 확 올라오는 것과 같은 어떤 덩어리를 떠올려보세요.

서로 부딪쳐도 부서지지 않고 반사하거나 빠지거나 하는 아주 안정된 파의 덩어리로, 작은 움직임으로는 방해를 해도 무너지지 않습니다. 물론 밖에서 큰 힘을 가하면 무너져버립니다.

이렇게 에너지가 큰 파를 수식으로 나타내면 보통은 비선형이 되고, 게다가 카오스가 관계해 있기 때문에 풀 수 없습니다. 그러나 몇 개 정도의 조건을 만족하면 깨끗이 풀려서 답을 알 수 있습니다. 어떤 조건일 때 풀 수 있을까를 대수를 사용해서 분류한 것이 솔리톤 이론입니다.

지진이 있으면 진파 경보가 텔레비전에 자막으로 흐르는데, 그것도 솔리톤 이론을 사용해서 계산된 것입니다. 바다에서 발생한 진파가 몇 분 후에 해변에 도착하는지를 계산하려면 진파 속도를 알면 되지요. 잔물결처럼 작은 파라면 속도는 간단하게 계산할 수 있는데, 해일처럼 큰 파는 이론적으로 다루기 어렵습니다.

작은 파는 간단하고, 큰 파는 어렵다는 말은 무슨 뜻입니까?

작은 파는 물의 속도와 압력, 밀도 등의 변동량도 작기 때문에 몇 개 정도는 무시할 수 있는 경우도 있습니다. 이런 요소의 상호작용은 수학의 식 속에서 곱셈으로 나타냅니다. 작은 것끼리를 곱하면, 예를 들어 '0.01 × 0.01 = 0.0001'로 아주 작게 됩니다. 따라서 상호작용을 하지 않는 것으로 생각해도 지장이 없으므로 다루기가 간단해집니다. 결국 작은 파의 경우, 변동을 일으키는 요소를 따로따로 생각할 수 있으므로 선형으로 다루는 것입니다.

한편 큰 파의 경우는 모든 변동량이 큽니다. 큰 것끼리를 곱하면 당연히 본래보다 훨씬 크게 되므로, 모든 것을 무시할 수 없게 되고 한꺼번에 생각해야만 하는 것입니다. 이때 만약 운이 좋게도 솔리톤 이론을 적용할 수 있다면 해일의 속도를 계산할 수 있게 됩니다.

미분방정식을 풀어서 파의 움직임이 어떻게 될까를 계산하는 것인데, 이 방정식을 솔리톤 이론으로 풉니다. 아주 살짝 설명하면 다음 쪽의 왼쪽 위의 식이 솔리톤 방정식의 간단한 예 중 하나입니다.

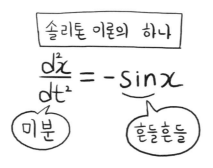

둘째날 배운 컵 속의 수면의 식은 좌변이 $-x$였지요(76쪽. 표면장력을 $-x$로 두었습니다). 이번에는 $-\sin x$입니다.

$y = \sin x$ 그래프를 생각해보면, x가 작을 때는 $y = x$에 아주 가까운 모양이 됩니다.

결국 작은 파는 x, 큰 파는 $\sin x$로 적는 것입니다. 둘째날의 식 '비선형' 버전이 이 솔리톤 이론의 식이라고 생각해 주세요.

해일을 나타내는 식도 비선형 식이 되는데, 물의 움직임을 나타내는 일반적인 운동방정식('나비에−스토크스방정식'이라는 아

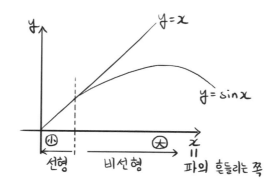

주 복잡한 비선형의 식)을 좀 간략화한 것으로 솔리톤 이론을 사용해서 풀어가는 것입니다.

풀 수 없는 해일도 있습니까?

네, 둘째날 카오스를 다룰 때 살짝 이야기했는데, '풀 수 있다, 풀 수 없다'라고 하는 것은 아주 작은 균형으로 결정되는 것입니다. 예를 들어 바다 밑에 거대하게 패인 곳이 있으면 해일의 균형이 무너져서 수학적으로 풀 수 없게 됩니다.

여러 가지 힘이 작용하고 있을 때 그 힘의 가감으로 인해 균형이 아주 잘 유지되어 무너지지 않을 때는 솔리톤 이론을 사용할 수 있습니다. 이것은 그 무너지지 않는 파의 덩어리 속도를 알 수 있다는 의미입니다. 운동회에서 줄다리기를 할 때 양 팀의 힘이 같을 때는 줄이 움직이지 않지요. 이와 같이 안정된 모습을 상상하면 좋습니다.

솔리톤 이론을 사용할 때
- 이미지 -

← 잡아당기는 줄이 움직이지 않는다 →

문제해결 연구실 - 오키노토리 섬까지

나는 10년 이상을 문제해결 연구소와 같은 곳에서 봉사활동으로 연구하고 있고, 가끔 여러 브랜드의 개발 현장 사람들이 연구실을 방문합니다. 신상품을 만들고 싶은데 뭔가 문제가 발생해서 설계한 대로 만들어지지 않을 때라든가, 도저히 해결책을 찾을 수 없어서 이제 더 이상 해봐도 소용없다고 생각될 때 나에게 옵니다(웃음).

기밀 정보라서 자세히는 말할 수 없는데, 예를 들어 어떤 사물에 균열이 발생하는 것을 막고 싶다든가, 기계의 진동이 아무리 해도 멈추지 않는다든가 하는 등의 여러 가지 분야의 문제를 가르쳐 줍니다.

자료를 절대 가져올 수 없으므로 직접 만나서 문제점을 듣습니다. 나는 그 장소에서 오랜 시간 생각하고 수학에 깊이 빠져서 문제를 푼 후에 해결하기 위한 아이디어를 말해줍니다.

굉장하네요. 대부분의 문제가 풀립니까?

금방은 풀 수 없는 어려운 문제들뿐이지만, 몇 번 시도하는 사이에 해결하는 것도 있습니다. 문제를 가져오는 기업 사람들은 모두 가망이 없어서 포기할 때쯤 찾아오기 때문에 내가 최후의 보루라는 생각이 들어서, 풀어버려야지 하는 의욕이 불타오릅니다(웃음).

지금도 여러 가지를 하고 있는데, 예를 들어서 일본 최남단의 오키노토리 섬이 있죠. 거기는 일본의 영토인데 보전하기가 아주 힘듭니다. 일본에서 배로 여러 가지 물자를 운반해가는 일이 큰 일이거든요. 가는 데만도 1주일 걸리는데 기후까지 나쁘면 배를 운행하지 못합니다. 어떻게 하면 효율적으로 물자를 운반해갈 수 있는지에 대한 문제도 나에게 가지고 옵니다.

그런 것까지요?!

네, 무엇이든 수학을 사용해서 해결하려고 합니다(웃음). 현재 관계된 회사가 여럿 모여서 수학으로 어디까지 현실의 문제를 해결할 수 있을까 검토회를 하고 있습니다.

약 10년 전에 있었던 일인데 가정용 잉크젯 프린터를 개발 중인 어떤 프린터 회사에서 나를 찾아왔습니다.

그 프린터의 특징은 얇고 작고 조용한 것입니다. 프린터에는 잉크가 붙어 있는데, 당시 두 개의 프린터 잉크탱크가 프린트 헤드(종이 위를 좌우로 움직여 잉크를 내뿜는 부분)에 붙어서 함께 고속으로 움직였습니다. 그렇게 되면 무거운 잉크탱크가 철컥철컥 움직이기 때문에 인쇄할 때 소리가 시끄럽게 나죠.

그 회사에서 개발 중인 프린터는 다른 곳에 잉크탱크를 두고, 튜브로 프린트 헤드에 잉크를 보내서 인쇄하는 것이었습니다(다음 쪽 윗그림). 이로 인해 인쇄할 때 소리가 압도적으로 조용해졌습니다.

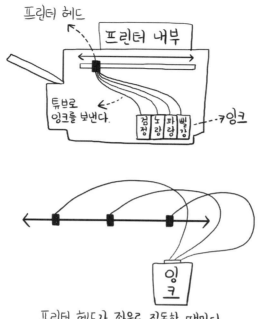

프린터 헤드

프린터 내부

튜브로
잉크를 보낸다.

검정 노랑 파랑 빨강

잉크

잉크

프린터 헤드가 좌우로 진동할 때마다
튜브가 너무 움직여 버린다.

그러나 잉크를 보내는 튜브가 문제가 되었죠. 튜브의 한쪽 끝은 잉크탱크에 고정시키고, 다른 한쪽 끝은 프린트 헤드에 붙였는데, 인쇄할 때마다 튜브가 고속으로 좌우로 진동합니다. 그때 튜브가 너무 흔들려서 프린터 케이스에 부딪쳐버립니다.

어떻게 하면 튜브의 움직임을 제어할 수 있을까 하는 문제를 해결할 수 없었습니다. 기업에서 2000만 엔 정도하는 시뮬레이션으로 튜브의 움직임을 해석하는데, 실험 결과와 실제 튜브의 움직임이 전혀 맞지 않아서 대책을 세울 수가 없었던 것이죠.

나는 튜브의 움직임을 수학과 컴퓨터 시뮬레이션을 사용해서 풀었는데, 그때 사용한 것이 솔리톤 이론이었습니다.

솔리톤 이론은 줄의 움직임에도 사용할 수 있습니다. 수면의 파를 세로로 잘라낸 모양은 끈이 휘어 있는 것처럼도 보여지죠. 팽팽하게 잡아당긴 끈의 끝을 움직이면 휘어짐이 전해져 가는데, 이 휘어진 파(波)도 솔리톤입니다.

튜브의 앞 끝이 움직이면 튜브가 크게 휘어 파가 발생합니다. 그 움직임에 대한 미분방정식을 세울 때 솔리톤 이론을 사용해서 계산 가능하게 된 것이었습니다.

물론 처음에는 잘 되지 않았습니다. 튜브의 움직임을 보고 직관과 이론으로 수식을 유도해도 실제 프린터에서 실험해보면 맞지 않았던 기간이 1년 정도 계속되었습니다. 시행착오를 겪으면서 실험과 모델 수정을 반복하는 사이에 해결책이 보였습니다.

솔리톤으로 풀 수 있을지 어떨지는 미묘한 균형으로 정해진다고 하셨죠. 그렇다면 이 튜브의 움직임은 우연히 솔리톤으로 풀 수 있는 것이었으므로 운좋은 프린터였다는 의미인가요?

그렇게 말할 수도 있겠군요(웃음). 조금이라도 움직임이 다른 것이었다면 못 풀었을 수도 있었겠네요. 모든 것을 풀 수 있는 것은 아니고 솔리톤 이론을 사용할 수 있는 조건을 만족했는지가 작용하기 때문에 운이 크게 작용하죠.

이렇게 해서 튜브 주변의 설계가 잘 되어서 상품화에 성공했습니다. 기쁘게도 지금도 계속 판매되는 상품이고 내 연구실에서도 대활약을 하고 있습니다.

오늘 처음에 이야기한 '수학과 사회의 순환'에 맞춰 설명하면 일반적으로 튜브나 벨트 등의 휘어짐을 연구하는 사람은 틀림없이 솔리톤 이론과는 연관이 없는 '탄성역학(재료의 변형과 파괴 등을 연구하는 분야)'인 공학의 세계에 있습니다. 이 문제는 공학의 탄성역학과 수학의 솔리톤 이론, 그리고 기하도 사용한 것인데, 그것들의 새로운 조합으로 해결할 수 있습니다.

2000만 엔의 소프트웨어보다 종이와 연필과 수학으로

2000만 엔인 컴퓨터 소프트웨어로는 아무래도 풀 수 없었던 것입니까?

그 소프트웨어는 비선형 현상을 수식으로 나타내는 것에 대해 이해하는 방법이 너무 단순했던 것입니다. 즉 튜브의 휘어짐을 잘 표현 할 수 없었던 것이죠.

이 소프트웨어는 어떤 힘을 가했을 때 대상이 되는 재료가 얼마나 굽을까 등을 계산하는 것으로 세계 표준으로 사용되고는 있습니다. 하지만 힘이 급격히 변동하거나 재료의 변형이 크게 되면 오차가 커져버립니다. 그 프린터는 프린터 헤드가 급속하게 움직이고 튜브가 크게 휘어지므로 계산이 맞지 않았던 것입니다.

컴퓨터는 '들은 그대로의 것'밖에 할 수 없습니다. 게다가 풀 수 없는 것을 풀 수 있는 것과 함께 계산해버려서, 어쨌든 답을 무리하게 냅니다.

그 원인은 대개 계산 소프트웨어가 카오스 등의 비선형을 적절히 다루지 않기 때문입니다. 비선형을 다루는 것이 어렵기 때문에 흔히 비선형을 선형으로 간략화해버리는 것이지요. 그렇게 하면 원래는 풀 수 없는 것인데도 정말 푼 것처럼 답을 내는 잘못을 범합니다. 비선형을 바르게 다루는 것이 솔리톤 이론인데, 그것을 사용한 소프트웨어는 아직 거의 없습니다.

현재의 계산 소프트웨어는 거의가 블랙박스로 되어 있어서 여러 가지 문제를 풀어 일단은 답을 내는데, 그것을 어떻게 계산했는지에 관해서는 모르는 사람이 많습니다. 따라서 컴퓨터가 낸 답이 맞는지가 검증되지 않는 것도 많습니다.

컴퓨터가 틀리는 것을 알아차리는 일도 중요하네요.

맞아요. 경험을 쌓으면 어느 정도 알게 되는데, 어쨌든 컴퓨터에게 완전히 맡겨 버리는 것은 좋지 않아요. 인간이 뛰어난 점은 세세한 부분에 정신을 빼앗기지 않고 넓게 보아서 본질을 파악할 수 있다는 것입니다. '여기에 힘을 가하면 이렇게 굽겠다'와 같은 것을 인간은 감각적으로 알 수 있는데, 컴퓨터는 불가능합니다.

따라서 컴퓨터의 계산 결과를 한발 물러나서 대국적으로 체크하는 것이 인간의 중요한 역할이 됩니다.

중요한 예를 하나 들죠. '배의 길이를 재시오'라는 문제에 관한 웃긴 이야기인데, 배의 가로로 철판을 붙이기 위해서 철판 길이를 얼마로 해야 할지 알아내야만 하는데, 배라는 것은 아주 크죠. 그것을 어떻게 잴까요?

한 기술자는 30센티미터 자를 이용해서 몇 번이나 대어 선을 그어 자세히 쟀습니다. 결국 '51.4미터'가 나왔습니다. 또 한 기술자는 10미터 정도의 밧줄을 가지고 아주 대충 쟀습니다. 밧줄이므로 휘거나 삐뚤어져서 정확하게 잴 수는 없었지만 '이 밧줄로 4번 정도의 길이이므로 대략 40미터'라고 답했습니다.

그런데 전체를 정확히 잰 사람은 밧줄로 잰 쪽이었습니다. 30센티미터 자로 잰 사람이 10미터 정도 틀렸습니다.

고생해서 자세히 선을 그었는데…….

고생이 물거품 된 셈이죠. 더 작은 단위인 1밀리미터 단위로 재면 자기도 모르는 사이에 크게 비뚤어지거나 하기 때문에, 전체적으로 파악한 쪽이 정확하게 된 것입니다. 범위가 큰 것일수록 직관으로 단번에 답하는 쪽이 정확합니다(웃음). 물론 대상이 작은 것이라면 자세히 해야겠지요.

이것을 '줌인과 줌아웃의 상상'이라고 말하는데, 어느 한쪽만으로도 안 되고, 양쪽을 모두 할 수 있는 사람이 강합니다. 자세히 보고 있는 자신과 거리를 두고 전체를 보고 있는 자신을 카메라 렌즈를 조정하듯이 언제든지 전환하는 것이 가능하면 좋습니다.

수학을 사용해서 우주의 쓰레기를 줍는다?

솔리톤 이론을 사용해서 프린터 내부의 튜브 움직임을 조사한 연구는 생각지도 못하게 넓게 응용되었습니다. 우주의 쓰레기 문제까지 말이죠.

우주의 쓰레기 문제라는 것이 있습니까?

지구 주위의 우주라는 곳은 사실 쓰레기 투성이입니다. 우주에 있는 쓰레기를 '우주 쓰레기'라고 하는데, 파괴된 인공위성과 그 파편, 우주 비행사의 장갑 등 크고 작은 여러 가지 쓰레기를 합하면 수백만, 수천만도 넘습니다. 이런 쓰레기가 높은 속도로 지구 궤도를 돌고 있는데, 우주선에 충돌하거나 하면 큰 사고가 나므로 문제가 되는 것입니다.

우주 쓰레기를 회수할 때는 카우보이는 아니지만 줄을 던져 잡아당기는 방법이 있습니다. 이때 우주선이나 인공위성으로부터 줄을 내고 넣고 하는 사이에 줄이 크게 흔들리는 경우가 있습니

지구 주위는 쓰레기 투성이

다. 이것을 '스파게티 문제'라고 부릅니다. 스파게티를 먹을 때 면을 빨아들이면 면이 짧아지면서 끝 쪽이 크게 흔들려 토마토소스가 옷에 묻거나 하죠. 청소기 코드를 정리할 때와 같은 경우로 모두 경험이 있을 거예요.

우주에서 사용되는 줄을 '테더(tether)'라고 하는데, 이 테더를 우주선으로부터 내보내거나 감아들일 때 크게 흔들리는 것을 어떻게 막을 수 있을까 하는 것이 이번 문제입니다.

예상할 수 있나요? 줄의 뿌리 부분만 잡고, 흔들흔들 하는 앞쪽을 어떻게 누를 수 있을까⋯⋯ 어려워서 이것도 1년간 고민했습니다. 최종적으로는 연구실 학생이 NASA에서도 풀 수 없었던 문제를 솔리톤 이론으로 풀었습니다. 어떻게 해결했을까요?

먼저 줄이 흔들리는 것을 막는 법을 생각할 텐데, 어떻게 하면 좋을까요?

흔들리고 있는 것과 반대의 파장을 뿌리 부분에 가하면 될 것 같은데요.

와, 이런 착안점을 금방 떠올린 점이 좋습니다. 그런데 줄의 움직임은 단순한 파는 아니기 때문에 파장을 정확히 예측해서 뿌리를 움직이는 것은 어렵습니다. 그래도 뿌리 부분을 뭔가의 모양으로 움직이려는 발상은 아주 좋습니다.

이 제어를 실현하는 기계를 만들기 위해서는 먼저 줄이 연결되어 있는 뿌리 부분에 뭔가 간단한 장치를 생각해 보는 것이 가장 좋습니다. 다른 예를 들어서 원격으로 전자파를 사용하는 방법도 있는데, 아주 큰 일이 되고 비용도 많아집니다.

우선 가설로써 '뿌리 부분을 어떤 방법으로 움직이면 흔들림이 멎는다'라고 합시다. 그럼 뿌리를 어떻게 하면 좋을까요?

줄이 가로 방향으로 흔들흔들 하니까 …… 그 방향으로 잘 움직이겠네요.

움직이는 방향에 주목했는데, 그런 식으로 대상을 분석하는 것이 중요합니다. 그 생각에서부터 출발해 흔들리는 줄을 가로 방향과 세로 방향, 즉 줄에 대한 수직방향과 수평방향으로 나눠서 생각해 봅시다.

이미지를 한층 더 강하게 갖기 위해 주변에 있는 사물을 이용해서 생각해볼까요. 손바닥에 봉을 세워서 넘어지지 않도록 유지하는 놀이를 생각해보세요. 봉이 넘어지려고 할 때, 넘어지는 방향으로 손바닥을 재빨리 수평으로 움직이면 꽤 긴 시간 동안 봉을 세워둘 수 있습니다. 이것이 좀 가까울지도 모릅니다.

봉과 마찬가지로 줄이 굽기 시작하면 그 방향으로 뿌리를 움직이면 되나요?

좋아요. 먼저 그것을 해봅시다. 하지만 유감스럽게도 그다지 잘 되지 않아요(웃음). 역시 봉과 달라서 줄은 흐물흐물하니까 손

바닥을 가로 방향으로 움직여도 끈의 꼭대기까지 직접 조절할 수는 없습니다.

그럼 어떻게 할까 생각해보면, '옆으로 안 되면 세로로 움직여 보자'라고 생각했습니다. 완전히 입에서 우연히 나온 말이었습니다.

세로 방향으로 움직이면서 시뮬레이션을 해봤을 때 옆으로의 움직임이 멎는 경우를 발견한 것입니다. 세로 방향으로 움직이면 흔들린 파가 탄환처럼 지나 줄을 팽팽하게 늘려줍니다. 뿌리로부터 세로의 에너지가 들어가 끝 쪽의 흔들리는 가로 방향의 에너지를 잠잠하게 하는 이미지입니다.

지금까지 공학과 물리학적인 견해로 크게 흔들리는 것을 누르는 방법을 유도했는데, 이제 마지막으로 수학의 차례입니다. 어떤 조건에서 줄의 가로 흔들림을 누를 수 있을까를 풀어 갑시다.

먼저 세로로 진동을 가했을 때의 줄의 움직임을 미분방정식으로 나타냅니다. 여기서 '마티의 방정식(mathieu's equation)'이라는 것을 사용합니다. '흔들림'이라는 효과가 들어 있기 때문에 '흔들흔들 삼각함수'의 사인과 코사인이 들어가는 선형 방정식입니다. 둘째날의 '컵 속 수면의 식'(76쪽)에 가까운 것인데, 그것보다 조금 어렵습니다.

이것을 푸는 것으로 대략 흔들림을 누르는 조건을 알 수 있었습니다. 나의 연구실 학생이 논문을 쓰고 그 후 또 다른 학생이 연구를 발전시켜 도쿄대학에서 박사학위를 받았습니다. 그가 미

국에서 연구발표를 했을 때, NASA의 기술자로부터 크게 주목받았다는 이야기를 들었습니다.

현상을 보고 거기에서 수학의 토대로 끌어 당겨가는 과정을 이야기했는데, 그 이유까지는 모를지라도 이미지는 생겼나요? 여기서부터는 실제 우주 공학의 기술자가 판단하는 것으로, 이 생각이 실제 환경에서 정말 유효할지는 모르겠습니다. 단 우주 공간에서 실험해볼 만한 가치는 있다고 생각합니다. 혹시 잘 안 돼도 논리적으로 어떤 부분의 가정이 잘못되었는지를 생각하며 몇 번이나 사고를 계속 하면 정답에 도달할 겁니다.

'복사기'를 만드는 방법 - 세포자동자

이제부터 내가 현재 전문으로 하는 정체학에 대해 이야기하고 싶은데, 그 전에 머리 준비 운동으로 수학적인 '복사기' 만드는 법을 알려드리겠습니다. 먼저 노트에 가로로 일렬로 '0011101000…'이라고 써주세요. 이 수학의 오른쪽과 왼쪽에는 계속 0이 늘어서 있다고 생각해주세요. 그 다음 아래 행에 0과 1을 쓰고 싶은데, 그것은 다음의 규칙에 따라서 써주세요.

① 바로 위와 왼쪽 위의 숫자가 같을 때, 즉 '0'과 '0' 또는 '1과 1'일 때는 '0'이라고 쓴다.

② 바로 위와 왼쪽 위의 숫자가 다를 때, 즉 '0과 1' 또는 '1과 0'일 때는 '1'이라고 쓴다.

이것을 8회 계속합니다. 1이 점점 오른쪽으로 늘어가는데, 그

규칙

00111010000000

0010

왼쪽위와 바로위의 숫자가 다를 때 '1'
같을 때 '0'

때는 오른쪽 끝에 0을 덧붙여 주세요.

몰 말하려고 하시는지 아직 잘 모르겠습니다.

하나라도 틀리면 빠져버리니까 주의해서 기계처럼 하면 잘할 수 있습니다. 그럼 8회 반복하면 무엇이 나오죠?

9째 줄에는 '001110100011101'이 되네요. 첫째 줄에 있던 '11101'이 오른쪽에 복사되어 있습니다.

이 규칙으로 숫자를 아래로 늘어 놓아가면 사실은 첫째 줄에 있던 1부터 시작해서 1로 끝나는 숫자의 배열이 반드시 또 나오는 것입니다. 이런 간단한 규칙으로 자신과 같은 분신이 옆에 생긴다는 것이 굉장하지 않나요?

9째 줄에 복사가 생긴다는 것이 신기하네요. 이 규칙은 어떻게 발견된 것입니까?

9째 줄에 복사를
할 수 있다.

가끔 누군가가 놀고 있을 때 발견했다든가, 해보니 이렇게 되더라 하는 경우가 많죠. 규칙이라는 것은 아무래도 좋아요. 앞에서는 왼쪽 위와 바로 위의 숫자에 따른 규칙이었지만, 오른쪽 위와 바로 위의 숫자로 규칙의 설정을 바꿔보면, 또 다른 현상이 나타납니다. 흥미가 있으면 여러분도 실제로 한번 해보세요.

이것은 정체학에서도 대활약을 하고 있는 사고법으로, 대수 분야의 '세포자동자(cellular automaton; CA)'라는 것입니다.

세포자동자는 '0과 1'과 그것을 변화시킨 '규칙'을 사용해서 세상의 현상을 0과 1의 움직임으로 표현하는 수학으로, 폰 노이만이 1950년대에 고안했습니다. 그는 20세기를 대표하는 천재로 앞 장에서 소개한 게임이론을 만들었을 뿐만 아니라, 이 세포자동자도 고안했고, 게다가 우리가 사용하고 있는 계산기도 만든 사람입니다. 정말 굉장하죠.

그리고 1970년대에 수학자 존 호튼 콘웨이(John Horton Conway)가 만든 '생명게임'으로 단번에 퍼져갔습니다. 생명게임이라고 해도 '인생게임'은 아니에요. 1과 0으로 박테리아의 번식 모델을 나타내는 컴퓨터게임입니다.

아까 말한 복사기는 1차원적인 배열로, 가로 1줄의 직선 위에 움직여 가는 것이었는데, 생명게임에서는 0과 1을 2차원적으로 늘어놓습니다.

세포자동자, 즉 셀룰러 오토마톤의 '셀'이라는 것은 세포나 작은

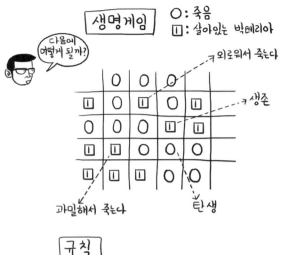

방이라는 뜻으로 그릇인 틀을 가리킵니다. '오토마톤(au-tomaton)'은 자동기계를 의미하는데, 규칙을 정하면 자동적으로 움직이는 것을 말합니다. 그리고 일반적으로 1은 입자나 생물 등을 나타내고 0은 그것이 '없다'라는 상태를 나타내는 것으로 입자의 움직임을 시뮬레이션해나가는 것입니다.

생명게임에서는 1이 '박테리아가 있다(살아있다)'라는 것을 나타내고 0은 '없다(죽었다)'의 상태입니다. 1의 주위에 어느 정도 동료가 많게 되면 과밀해서 1은 죽고 0으로 변합니다. 또 주위에 동료가 너무 없는 경우도 과소 때문에 사멸합니다. 그리고 가까이에 동료 수가 적당히 모이면 아이가 태어나 '0'이 '1'로 됩니다. 자세한 것은 앞쪽 그림처럼 규칙을 설정한 게임입니다.

　이런 규칙으로 1이 공간으로 어떻게 퍼져가는지를 보는 것인데, 이것에 의해 박테리아의 증식이라는 복잡한 현상을 시뮬레이션할 수 있는 가능성이 있는 것입니다.

1과 0으로 복잡한 현상을 시뮬레이션한다

세포자동자는 정체의 해석에도 사용합니다. 사람의 움직임을 예로 해서 조금 간단히 설명하겠습니다. '사람이 있으면 1', '없으면 0'이라고 하고 사람의 상태를 0과 1을 사용해서 표현합니다. 예를 들어 문 앞에 5명이 줄지어 있고, 몇 초 후에 모두 나가는지를 봅시다.

먼저 움직임을 나타내는 규칙을 설정하는데, 인간은 앞에 사람이 있으면 움직일 수 없겠죠. 타고 넘어갈 수 없으니까요(웃음). 따라서 '자신 앞에 비어 있을 때만 나아간다'라는 간단한 규칙을 만듭니다.

그럼 1초 후에 선두 자리에 있던 사람이 문에서 나가서 선두 자리가 비어 '0'이 됩니다. 2초 후에는 앞이 비었기 때문에 2번째 있던 사람이 선두 자리로 이동하지요. 이것을 쭉 써가면 몇 초 후에 모두 나갈까요?

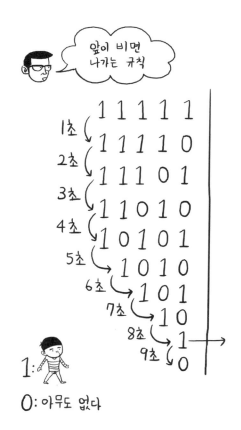

맞아요. 9초 후에 모두 문에서 나갈 수 있다는 것을 알 수 있습니다. 이 예는 초등학생이라도 알 수 있을 만큼 단순화되어 있는데, 세포자동자를 본격적으로 사용하면 복잡한 차나 사람의 흐름의 시뮬레이션을 간단하게 할 수 있습니다. 2010년 10월부터 국제화된 하네다 공항의 물류 터미널 시스템 설계를 내 연구실에서 세포자동자를 사용해서 도왔습니다.

세포자동자는 규칙 설정이 가장 중요한데, 이것이 잘 되면 어떤 현상도 재현할 수 있는 가능성을 가지고 있습니다. 미분방정식은 사용할 수 있는 최강의 도구이지만, 복잡한 비선형 현상에 대한 식을 세우기 어렵고, 식을 세웠다고 해도 풀 수 없습니다. 그때 활약하는 것이 세포자동자입니다.

규칙을 바꾸는 것만으로 어떤 현상에도 대응할 수 있으므로 복잡한 현상의 시뮬레이션에 제격입니다. 규칙의 설정 방법은 아직 연구가 진행되고 있지 않아서 경험과 직관에 의존하는 부분도 많긴 합니다.

세포자동자는 사회현상과 물과 공기의 움직임을 시뮬레이션할 때도 사용되는데, 최근 여러 비행기가 3차원적으로 하늘에서 만나지 않고 어떻게 날 수 있을까 등을 연구하는 데에도 사용되고 있습니다.

또한 영국에서는 휴대전화의 전파탑 설계에 세포자동자가 사용된 것도 있습니다. 전파탑에서 나오는 전파는 한정된 범위 안에서만 잡을 수 있습니다. 전파를 잡을 수 없으면 휴대전화를 사용할 수 없어서 불편하고, 그렇다고 너무 많은 전파탑을 세워도 쓸모가 없게 됩니다.

전파탑을 어떻게 설치할 것인가, 되도록 적은 수로 효율적으로 전파가 닿게 하려면 어떻게 두면 좋을까 하는 것을 세포자동자로 시뮬레이션해서 설계했다는 논문이 얼마 전에 발표되었습니다.

'전파가 닿는다/닿지 않는다'를 1/0으로 됐다는 의미입니까?

맞아요. 영국 전체를 셀로 나눠서 기지국을 두는 장소를 설정하면, 기지국에서 나오는 전파가 닿는 장소는 대개 그 주변으로 퍼져갑니다. 아래 그림은 단순화한 이미지 그림으로, 물론 실제

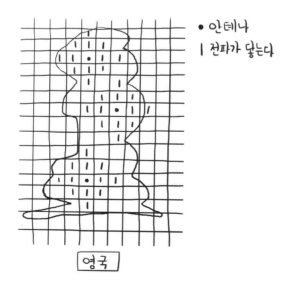

로는 아주 복잡한 셀입니다.

컴퓨터에서는 전파가 닿는 1을 생성해 가고, 전파가 닿지 않는 0을 최소화해가서 1의 중복 부분이 적게 되도록 자동조정해갑니다. 그렇게 하면 효율적인 전파탑이 세워지는 것입니다. 참고로 이와 같이 1과 0의 두는 법은 수학에서는 '보로노이 다이어그램(Voronoi diagrm)'으로 불리며, 기하학 분야 등에서 연구되고 있습니다.

세포자동자는 단순한 구조로 성립되어 있으므로 초등학교에서도 공부할 수 있고, 고등학교에서도 미분, 적분과 함께 세포자동자를 공부하면 좋겠다는 생각을 할 정도로 강력한 도구입니다.

정말 싫은 정체를 연구대상으로

'수학을 사용해서 사회에 도움이 되고 싶었다'라고 말씀하셨는데, 선생님은 여러 가지 중에 어째서 정체 연구를 골랐습니까?

가능한 한 다른 사람이 하지 않은 영역에서, 실현되었을 때 효과가 아주 큰 것을 찾았습니다. 그랬더니 도로의 교통 정체에 의한 경제손실이 자그마치 연간 12조 엔이나 된다는 것을 알게 되었습니다. 연간 국가예산의 약 7분의 1이나 됩니다. 이것이 해소되면 파급력이 아주 크겠죠.

그리고 내가 박사 과정을 할 때 연구한 것 중 하나는 유체역학입니다. 이것은 물리 중에서도 오래된 분야로 여러 가지 연구가 있었습니다. 이 분야의 전문가 대부분이 물과 공기를 연구 대상으로 하고 있으며, 그 대상을 차와 사람, 사물의 흐름으로 보는 것을 연구하는 사람은 거의 없었습니다. 그래도 같은 '흐름'의 관계로 합성하면 좋을 거라고 나는 직관했습니다.

또한 나 자신이 당시에 매일 만원 전철에서 고생하던 것도 계기가 되었습니다. 실은 어릴 때부터 정체나 혼잡을 남들보다 더 싫어해서 초등학교 때는 인파 속에서 현기증이 나서 병원에 간 일도 있습니다. 인파 속에 있으면 내가 완전히 아무것도 할 수 없는 돌이 되버린 듯한 기분이 들어서 굳어버리고 말았습니다.

그렇게 싫어하는데 정체 연구를 하고 있으시네요.

그래도 막상 진심으로 연구를 시작하자 이상한 변화가 생겼습니다. 싫어하는 정체를 좀 더 깊이 알게 됨으로써 정체에 둘러싸여도 냉정하게 대응할 수 있게 되었습니다. 왜 혼잡한 것일까, 어떻게 하면 이 정체는 일어나지 않을까를 하나하나 분석할 수 있게 된 것입니다.

싫어서 멀리하기만 하면 아무 발전이 없어요. 때로는 싫어하는 것을 억지로 받아들일 때 뭔가를 발견할 수 있게 됩니다.

그래도 오늘까지의 여정은 길고 험했습니다. 내가 정체 연구를 시작한 것은 15년 정도 전이었는데, 주위의 반응은 냉정했습니다. 정체라는 것은 지나치게 현실이죠. 그렇다는 것은 주위의 수학자와 물리학자에게는 꺼려지는 것이지요. 학회에서 최초로 발표했을 때는 청중이 없었습니다(웃음).

예?

누구도 주목해주지 않았습니다. 그래도 최소한 7년은 계속하겠다고 생각하고 나 자신을 믿었습니다. 게다가 정체 연구는 확실히 주목받게 될 것이라는 확신이 있었습니다. 왜냐하면 세계적으로 곤란한 문제이기 때문입니다.

차의 정체에 관한 연구는 물론 교통공학 등에서 연구되었고 사람의 혼잡에 관해서는 건축공학에서도 다루고 있었습니다. 생물학자는 개미 무리의 연구를 하고 있었고, 정보학에서는 패킷통신의 시스템 연구가 진행되고 있었습니다. 나는 이러한 것을 분야의 벽을 넘어 같은 흐름으로써 통일적으로 다루고 싶었던 것입니다.

예를 들어 체내에도 여러 가지 단백질의 흐름이 있는데 그것이 정체되면 병으로 연결되고, 가게의 물품을 팔다 남은 것도 정체라고 할 수 있지요. 연애에도 정체가 있습니다(웃음). 한편, 정체라고 해도 나쁜 것만은 아니고 전염병이 크게 돌 때 전염이 퍼지는 것을 정체시키는 것은 좋은 정체죠.

차, 사람, 생물, 인터넷 등의 분야를 나누지 않고 연결해서 생각함으로써 정체가 일어나는 구조의 공통점과 차이점을 축출하고, 그것으로부터 볼 수 있는 새로운 세계가 있을 거라고 생각했습니다.

게다가 이 연구의 첫걸음으로 세포자동자를 사용할 수 있다는 것을 알아챘습니다. 차나 사람, 개미 등 아무튼 정체를 일으키는 주역을 모든 종의 '입자'로 파악하는 것입니다. 어느 날 나의 머릿속에서 '1'이 사람과 개미, 버스, 차로 있는 장면이 떠올랐습니다. 이렇게 해서 사람이든 개미든 차든 움직이는 것이면 뭐든지 '1'로 나타내는 현실 세계를 추상화해 봄으로써 얼핏 따로따로인 것처럼 보이는 것이 사실은 그 뿌리가 같다는 것을 알 수 있었습니다. 사람도 개미도 차도 '앞이 막혀 있으면 나아갈 수 없다'는 단순한 공통점이 있습니다. 이것이 연구의 출발점이었습니다.

정체 = 물이 얼음으로 변할 때

정체학에서 가장 어려운 고민이 되는 문제는 인간의 행동을 대상으로 다루는 것입니다. 둘째날 이야기했듯이 사람의 행동은 과학의 대상이 되기 어렵습니다.

예를 들어서 모르는 사람이 거리를 걸어가고 있는데, 10분 후에 그 사람이 어디에 있게 될지를 정확히 맞출 수 있을까요? 갑자기 잊고 나온 물건을 가지러 집에 돌아갈지도 모르고, 화장실에 갈지도 모르지요. 이것은 예측 불가능합니다.

그러나 집단이 되면 인간의 복잡한 행동은 어느 정도 제한됩니다. 혼잡해지면 자신이 생각한 대로 움직일 수 없게 되고 주변에 맞추어야만 하기 때문이죠. 이런 경험은 모두 갖고 있죠. 그 결과 어떤 법칙성이 떠오릅니다.

집단행동에서의 확고한 법칙을 찾고 그것을 기반으로 해서 과학적으로 집단의 행동을 생각하는 것이 정체학입니다. 기본이 되는 공통 규칙에 차와 사람 등의 개성을 반영한 행동 특성과 심리학의 규칙을 가미해가는 것입니다.

정체학에서는 물리학의 수법을 많이 쓰고 있는데, 그 중에서 중요한 하나가 '상전이(相轉移)'라는 사고법입니다.

상전이라는 것은 어떤 모습이 다른 모습으로 이동하는 현상으로, 고체, 액체, 기체의 세 가지 상이 있습니다. 모든 물질에는 세 가지 모습이 있고 그것은 온도에 따라 변합니다.

물에서 얼음이 되는 순간을 본 적이 있나요? 얼리는 방법에 따라 다르지만 대략 0도가 되는 순간 변합니다. 액체 상태로 흐르고 있던 것이 어느 순간 갑자기 얼음이 되면서 한순간에 딱딱해지는 이미지입니다. 상전이는 갑자기 일어나는 현상이므로 이것은 사실 정체가 일어나는 현상과 닮았습니다.

그럼 차와 사람의 정체의 경우에서 상전이가 가리키는 것은 무엇일까요? 그것은 흐르고 있는 상태(물)에서 멈춰버리는 상태(얼음)로 변하는 것입니다.

그때까지 교통 공학에서는 정체가 생기는 원인에 대해 사고가 일어났다든지, 공사 중이거나, 요금소가 있다거나 하는 경우로 파악했습니다. 확실히 그런 원인도 있겠지만 사고도 없었고 공사 중도 아닌데 정체가 일어나는 경우도 있지요.

정체라는 현상 전체를 좀 당겨서 대략적으로 파악해 보면 '흐르고 있는가/멈춰 있는가'입니다. 그 상태의 변화를 상전이로 보면 이제까지 사용되지 않았던 물리와 수학의 무기가 사용됩니다. 그리고 언제 그 흐름이 변화하는가의 정체가 되는 순간을 정밀하게 파악할 수 있게 됩니다. 그렇게 하면 정체 완화 대책도 빠르게 세울 수 있게 되는 것입니다.

고속도로 정체는 어떨 때 일어날까?

그럼 정체학 문제를 함께 생각해봅시다. 차의 정체, 특히 고속도로 정체에 대해 생각해봅시다.

고속도로 정체를 어떻게 하면 없앨 수 있을까?

여러분도 가족끼리 여행을 나갈 때 고속도로에서 큰 정체에 휘말린 경험이 있을 거예요. 대개는 사고도 없고 도로공사도 안하는데 정체가 일어나곤 하죠. 정체의 선두 부분에 사고차가 있다면 납득이 되지만, 그렇지도 않은데 왜 정체가 일어나는지 이상하다는 생각이 듭니다. 이 의문을 계속 풀어서 정체를 발생시키지 않게 하려면 어떻게 하면 좋은지에 대한 문제에 도전해봅시다.

그럼 아무것도 아닐 때 정체가 일어나는 원인은 무엇이라고 생각합니까?

당연한 말이지만 차가 너무 많아서 정체가 일어납니다.

그럴 수도 있네요. 거기서부터 수학으로 생각해봅시다. 어느 정도로 차가 많으면 정체가 일어날까를 수치화해주세요.

1킬로미터당 몇 대의 차 정도만 있다면 확실히 정체는 일어나지 않습니다. 하지만 1킬로미터당 100대나 되는 차가 있다면 심각한 정체가 일어나죠. 그렇다면 정체가 일어나지 않는 '자유 흐름'과 정체가 일어나는 '정체 흐름'은 어떤 조건에서 변화하는 것인지를 우선 수학과 물리를 통해서 파악해봅시다.

여기서 사용하는 수학이 아까 말한 세포자동자입니다. 먼저 고속도로를 차 1대 정도의 길이인 약 7미터씩으로 나누어 구분합니다. '차가 있으면 1', '없으면 0'으로 해서 구간마다 0과 1로 나타냅니다. 그리고 차가 많을 때와 적을 때로 시뮬레이션해봅시다. 규칙은 앞에서와 마찬가지로 '앞이 비어 있으면 1이 앞으로 나가고, 막혀 있으며 나가지 못한다.'로 간단히 합시다.

먼저 차가 적을 때를 봅시다. 아래 그림 중에서 위에 그려져 있는 도로와 차가 처음 도로의 상황이며, 시간 경과에 따른 움직임을 1과 0으로 나타냅니다. 짧은 시간이 지난 마지막 줄의 도로 상황을 아래쪽에 그려진 차가 나타내고 있습니다.

처음에는 3대의 정체 덩어리가 있었는데, 시간이 지나면 적당히 나눠져서 각각이 자유롭게 움직일 수 있게 되죠.

다음으로 차가 많을 때를 보면(아래 그림), 시간이 지나도 몇

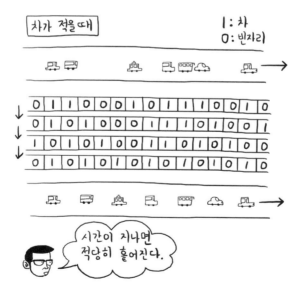

대의 덩어리가 남아 있고, 더구나 그 덩어리는 진행 방향과 반대
로 움직이고 있습니다. 여기서는 적은 대수로 보여주고 있지만
수가 증가해도 구조는 같으므로 '작은 정체'로 파악합시다.

그럼 실제 고속도로에서는 어느 정도 차가 집중하면 정체가 일어날
까? 고속도로 회사가 준 자료를 사용해서 정체가 되는 차의 밀도를
조사했을 때 1킬로미터당 25대임을 알 수 있었습니다. 차의 간격으로
말하면 40미터입니다. 이것이 정체가 발생할 때의 임계 밀도가 되는
것입니다.

자, 지금부터가 중요합니다. 정체를 없애려면 1킬로미터당 25
대 이하면 된다는 것을 알았는데, 어떻게 하면 될까요?

참고로 말하면 '정답'은 없습니다. 중요한 것은 얼마나 논리적

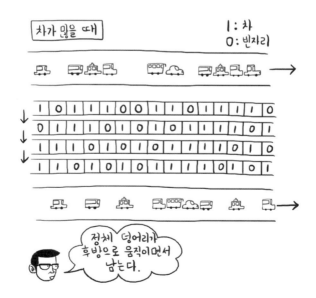

으로 바르게 아이디어를 말할 수 있는가입니다.

차의 대수를 몇몇 장소에서 계속 조사해서 1킬로미터당 25대를 초과하면 경고를 하면 되지 않을까요?

조사할 수 있다면 그 방법이 편리하겠네요. 문제는 어떻게 차의 대수를 조사할까입니다. 조사할 장소와 방법 등을 구체적으로 생각하기 시작하면 여러 가지 어려운 점이 있습니다. 그리고 하나 더 말하면 25대가 되었을 때는 어떻게 할까입니다. 단순히 전광판을 통해 경고를 한다면 무시하고 지나가는 사람이 있어서 별로 효과가 없을지도 모릅니다.

차간 거리로 말하면 40미터라고 했는데, 그렇다면 그 이상 가까워지지 않도록 강제적으로 차에 감속 장치를 붙이는 것은 어떨까요?

좋은 아이디어이긴 하지만 상황에 따라 달라지는 고도의 전환 스위치 같은 것이 필요하게 되죠. 아주 혼잡해서 거의 차가 멈춰 있는 상태에서의 차간 거리의 평균은 대개 15미터입니다. 정지할 때 40미터는 너무 머네요. 더구나 주위의 흐름에 반해서 갑자기 차를 감속시키게 되면 추돌이 발생할 가능성도 있어서 위험합니다.

좀 더 생각해보면 알 수 있듯이 현실의 문제에 대처할 때는 100% 정답, 즉 어떤 상황에서도 대응할 수 있는 만능 장치는 없습니다. 어떤 전문가가 생각한 아이디어라도 마찬가지입니다.

중요한 것은 '어떨 때 안 되는 것일까?'와 같이 장치의 한계를 모두 알고 있어야 한다는 것입니다. 이것은 수학에서 '경우의 분류'(개별의 조건에 의해 경우에 따라 처리할 필요가 있는 경우에 사용하는 말)의 능력입니다. 모든 것을 누락되지 않도록 경우의 분류를 함으로써 각각의 범위를 한정해서 생각하도록 합니다. 이런 것이 실수를 줄여주는 위험 대책이 되는 것입니다.

내 생각에는 우선 운전자의 의식 향상이 가장 중요하다고 생각합니다. 혼잡해도 가급적 차간 거리를 40미터 이하로 하지 않도록 하는 것을 교습소에서 반드시 가르치도록 하는 것이죠.

그래도 가르쳐보면 40미터라는 거리는 꽤 멀어요.

그렇게 느끼죠. 그래도 이론적으로는 이 차간 거리가 교통의 흐름을 가장 좋은 상태로 유지합니다. 실제로는 이 정도로 간격이 벌어져 있으면 다른 차들이 끼어들기를 하는 경향이 있는데, 그렇게 되면 정체를 만들어 버리기 때문에 오히려 모두가 손해가 됩니다.

차의 흐름에 맞게 운전하면서 차간 거리 40미터라는 거리 감각을 늘 갖고 있다면 이론적으로는 차의 흐름이 부드럽게 됩니다. 이것은 바로 앞을 달리고 있는 차의 위치에서 자신이 2초 후에 가는 정도의 차간 거리라고 기억해 두면 쉽습니다.

그러나 실제 상황에서 가장 좋은 차간 거리를 유지하는 것은 상당히 어렵고, 나도 고생하고 있습니다. 텔레비전이나 라디오에서도 말하고 있고 지금까지 많은 강연에서 하고 있지만, 이론을 현실화할 수 있는 날은 아직 멀었습니다. 너무 쉽게 되어도 시시하기 때문에 보람을 느끼면서 매일 정체와 싸우고 있습니다.

개인의 힘이 정체를 없앤다?

다음으로 세포자동자를 사용해서 고속도로의 정체 해결책을 생각해봅시다. 다시 한번 150쪽의 그림을 봐주세요. 어떤 장소에서 발생한 정체 덩어리는 진행 방향과 반대로 나아가고 있습니다. 무너지지 않고 안정되게 뒤로 전해지고 있습니다. 이것은 오늘 수업 초반에서 얘기한 무너지지 않는 파의 덩어리의 솔리톤이라고 생각할 수 있습니다.

이것을 어떻게 하면 무너뜨릴 수 있을지를 세포자동자로 시뮬레이션해봅시다. 혹시 도중에 차간 거리를 크게 둔 차가 1대라도 있으면 이 솔리톤은 어떻게 될까?

먼저 3대의 덩어리가 있고 그 뒤의 차는 단지 1셀만 떨어져 있을 때, '1/0'을 기본 규칙으로 연달아 써가면 다음 쪽 그림처럼 정체의 파가 남아서 뒤로 전달되어 갑니다.

다음으로 3대의 덩어리의 다음 차가 3셀만큼 차 간격을 두고 따라가고 있다면 어떻게 될까요?

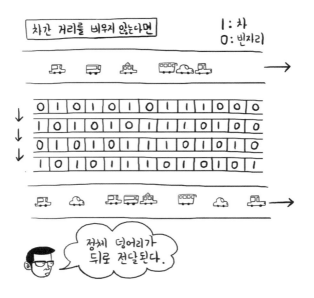

덩어리가 풀려서 각각 움직일 수 있게 됩니다.

맞아요. 다음 쪽 그림과 같이 차간 거리를 두고 있으면, 앞에서 전달된 정체의 파를 흡수하고 약하게 하는 일이 가능합니다. 이것은 차간 거리가 떨어져 있으면 앞의 차가 브레이크를 밟아도 자신은 브레이크를 밟지 않고 계속 나아갈 수 있기 때문입니다.

이 간단한 규칙이 실제 고속도로에서도 적용이 됩니까?

현실에서 검증하지 않으면 알 수 없지요. 우리는 이것을 확인하기 위해 경찰청 등과 합동으로 중앙도로의 고보토케 터널 부근에서 차간 거리를 두고 달리는 차를 8대 투입해서 실험해 보았습

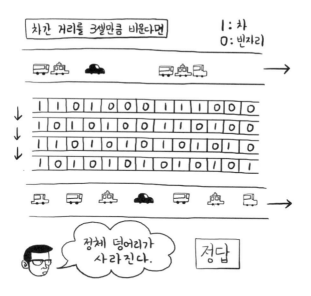

니다. 그 결과 확실히 앞쪽에 있던 정체가 완화되어서 시속 50킬로미터 정도까지 저하되었던 흐름이 시속 80킬로미터 정도까지 회복되었습니다.

모든 차가 간격을 두고 달릴 필요는 없고 10대에 1대 정도여도 효과가 있습니다. 우리들은 이 차들을 '정체 흡수차'라고 이름 지었습니다. 이때의 실험 영상은 현재 한신고속도로의 서비스 지역 등에서 방영되어, 운전자의 의식 향상에 도움을 주고 있습니다.

정체 흡수차는 차간 거리를 두고 달리는데 늦어지더라도 참으면서 일정한 속도로 계속 달립니다. 이것이 브레이크의 연쇄를 막는 쿠션 역할을 담당하게 되는 것입니다.

20킬로미터나 늘어선 큰 정체는 금방은 해소할 수 없지만 1킬로미터 정도나 그 이하의 거리의 정체는 충분히 개인의 노력으로 없앨 수 있습니다. 정체가 일어나면 오히려 감속해서 차간 거리를 떨어뜨려서 정체 영역에 도달하는 것을 지연시켜 전방에 있는 정체를 없앨 수 있습니다.

그것은 실현 가능하다는 생각이 듭니다. 개인도 할 수 있다는 것이 재미있습니다.

그렇죠. 한사람 한사람이 운전을 조금 주의해서 한다면 전체의 정체 해소로 연결됩니다. 모두에게 득이 되므로 각자가 자발적으로 해주면 좋겠습니다.

정체 연구를 통해 '개개의 노력이 전체의 최적화와 연결된다'라는 사회적인 변화를 일으키고 싶습니다.

기둥이 있어서 빨리 피난할 수 있다?

심리학을 받아들였다고 말씀하셨는데, 감정과 정체학은 어떤 식으로 관련되나요?

중요한 지적인데 인간의 집단 심리에 관련된 실험을 마지막으로 이야기합시다. 인간은 집단이 되면 개인의 자유가 억제되고, 단순한 행동밖에 할 수 없게 된다고 하는데, 이와 같은 상태의 인간의 행동과 심리를 연구하는 것이 '군중 심리학'입니다.

군중을 처음에 학문의 대상으로 여긴 사람은 프랑스의 심리학자 귀스타브 르 봉(Gustave Le Bon, 1841~1931)입니다. 1895년의 저서 《군중 심리》에서 인간이 집단이 됐을 때의 강대한 에너지, 충동성과 무비판성, 도덕성 저하 등을 처음으로 지적한 인물입니다.

군중이라는 것은 단지 사람이 모여 있다는 뜻이 아니라 공통의 관심을 갖고 있다거나 공통의 주의를 끄는 대상을 갖고 있는 다수의 사람들인데, 일시적으로 모여 있는 상태를 가리킵니다.

군중의 상태는 '회중', '폭도', '패닉'의 세 가지로 분류하는데, '회중'은 수동적인 관심으로 모인 사람들입니다. 콘서트라든가 영화를 함께 보고 있을 때 회장 전체가 일체감으로 둘러싸여 있죠. '폭도'는 강한 감정으로 지배된 집단으로, 폭동이 일어나는 경우가 있기도 합니다. '패닉'은 돌발적인 위험에 처해 군중 전체가 혼란에 빠지는 것입니다.

이 패닉에 대한 연구로 TV 프로그램에서도 한 실험인데, 알고 있는 사람도 있을 것입니다. 방에 긴장 상태가 발생하고 많은 사람이 하나의 좁은 문으로 도망갈 때, 어떻게 하면 모두가 빨리 밖으로 나갈 수 있을까 하는 연구입니다.

화재, 특히 긴급 시에는 많은 사람이 일제히 피난하지 않으면 안 됩니다. 그때 좁은 문으로 사람이 몰려서 도미노처럼 쓰러지거나 위험한 사태가 발생하기도 합니다.

이 탈출 시뮬레이션을 반복하는 사이에 무언가 발견한 것이 있습니다. 잠깐 생각해 봐 주세요.

 어떤 두 종류의 방에 많은 사람이 있다. 작은 출구 앞에 기둥이 있는 방과, 아무것도 없는 방이 있다. 긴급 사태가 발생해서 될 수 있는 한 빨리 모두가 방에서 도망 나가야 하는데, 어느 쪽이 빠를까?

일반적으로 기둥이 없는 방 쪽이 빠르다고 생각하죠. 그러나 장애물이 있는 편이 빠른 경우도 있습니다.

예?! 어째서입니까?

NHK의 '사이언스 제로'라는 프로그램에 출연했을 때, 실제로

50명의 도움을 받아서 6회 실험했는데, 장애물 기둥을 세운 쪽이 6회 모두 빨랐습니다. 매회 약 2초, 3초씩 달랐습니다. 왜 이렇게 되는지 아시나요?

기둥 부분만 사람이 없으니까요?

거의 맞았습니다. 기둥 같이 장애물이 있으면 그 부분에는 사람이 몰리지 않겠죠. 장애물이 없으면 사람이 우루루 모여서 서로 부딪혀서 흐름이 막혀버립니다. 장애물에 의해 사람이 밀려오는 것이 억제된 것입니다. 비디오로 분석해 보면 사람과 사람이 서로 부딪히는 횟수는 장애물이 없는 방 쪽이 더 많습니다.

어째서 장애물을 두려고 생각했습니까?

처음에는 장애물이 있으면 얼마나 시간이 늦어질까를 알고 싶었습니다. 장애물이 얼마나 나쁜가를 연구하려고 했던 거라서, 장애물이 좋은 결과를 줄 거라고는 생각조차 못했던 완전히 예상 외의 수확이었습니다. 나 먼저를 생각하면서 한사람 한사람이 멋대로 최대한 빨리 도망가려고 하기보다는 방해가 되는 기둥이 있어서 각각 좀 참는 쪽이 사실은 더 빨리 모두가 도망갈 수 있는 길입니다.

프랑스의 지하철에는 전차 문이 열리면 입구 정 중앙에 기둥이 서 있는데, 그 편이 출입이 원활하다는 것을 경험적으로 알고 있는 것이 아닐까 생각합니다.

이 시뮬레이션의 세포자동자에서는 어떤 규칙을 사용하고 있습니까?

이것은 '플로어 필드(Floor-Field) 모델'이라는 세포자동자입니다. 생명게임에서의(137쪽) 설명과 같이 동서남북으로 움직이는 2차원 셀을 사용하는데, '사람이 있으면 움직일 수 없다. 없다면 움직일 수 있다.'라는 기본 규칙은 그대로입니다.

여러 개의 규칙을 설정하고 있는데, 먼저 각각이 될 수 있는 한 최단 거리로 움직이려고 하는 것과 동시에 '패닉도'라는 것을 넣고 있습니다.

인간의 패닉에 대한 정의인데, 우리의 경우는 수식을 세워 계산해야 합니다. 따라서 처음에는 심리학 전문가와 소방청에 물어 화재 현장 등에서 패닉이 일어나는 상황이 어떤 것인가를 밝혀냈습니다.

그래서 알아낸 것이 사람은 패닉이 되면 판단력이 저하되고, 눈에 보이는 대로 따르려는 경향이 있다는 것입니다. 다른 사람의 행동을 그대로 흉내내는 것밖에 할 수 없게 되고 일종의 동조 현상이 일어나는 것이죠.

예를 들어 집 앞에 불이 났는데, 창문을 열자 불이 확 들어옵니다. 이때 패닉에 빠진 사람은 어떻게 행동하냐면 밖으로 뛰어나가서 다른 사람과 함께 행동하는 것입니다. 냉정할 때는 안전한 장소로 곧장 가는데, 패닉일 때는 사람들 무리의 중심을 향한다는 말입니다.

여기서 아주 간단한 정의로 '얼마나 스스로 판단하고 있는가와 타인에게 휘말리고 있는가'의 비율을 '패닉도'로써 수치화했습니다. 컴퓨터로 시뮬레이션할 때 주변의 밀도, 평균 속도와 마찬가지로 행동해버린다면 '패닉도가 높다'고 할 수 있습니다.

또한 사람이 지나간 발자국이 어느 일정한 시간마다 남게 되도록 설정했습니다. 패닉이 된 사람은 타인의 뒤를 쫓기 때문에 발자국이 많은 곳을 모두 지나게 되는 경향을 규칙으로 넣었습니다. 이와 같은 단순한 규칙인데, 이것에 의해 패닉도가 올라가면 사람의 행동이 어떻게 변하는가를 보여줄 수 있습니다.

사실 시뮬레이션을 해보면 패닉도가 좀 올라간 편이 모두가 빨리 탈출할 수 있음을 알 수 있습니다. 모두가 냉정하게 최단 거리로 출구를 향해 가려고 하면 오히려 막혀버리기 때문이죠.

이 시뮬레이션의 정밀도를 높여가면, 더 정확한 검증이 가능해집니다.

감정에 관한 것을 수식화해서 시뮬레이션할 수 있군요. 실제로 실험해 볼 수 있다는 것이 신기합니다.

감정이라는 것은 주관적이므로, 보통은 객관적인 수식으로 나타낼 수 없습니다. 예를 들어서 '기쁘다'라는 감정은 사람에 따라 다르므로 수식화가 꽤 어렵습니다. 그러나 궁리하면 이것이 가능할 수도 있습니다.

인간은 수학으로는 분명해지지 않는 부분이 더 많습니다. 정체학에서는 수학으로 분명해지지 않는 부분과 수학을 사용하는 부분과의 균형이 아주 중요합니다.

이 기둥의 경우는 우연히 발견된 것인데, 이와 같은 시행착오를 몇 년인가 반복하는 사이에 우연히 답을 찾아내게 되는 것입니다. 나는 대략 300번 정도 실패하고 나면 1번 정도 잘됩니다 (웃음).

현실 사회에서 수학을 사용한다는 것이 점점 잡혀간다고 할까요. 여러분도 꼭 세포자동자로 놀아주세요. 항상 이용하는 역이 혼잡한 것이 싫다면 어떻게 하면 쾌적하게 될 수 있을까를 생각해보는 것도 재미있겠죠.

다음은 마지막 수업인데, 실제 사회 문제를 여러분과 함께 생각해보고 싶습니다. 어떤 것을 수학을 사용하면 좋을까 각각 미리 생각해주세요.

넷째 날

수학으로
사회문제
해결

문제해결을 위해 필요한 것

오늘은 마지막 수업인데, 마지막은 실천편으로 여러분과 함께 현실 사회의 과제를 수학으로 생각해보고 싶습니다.

한사람 한사람의 고민이나 학교에서 일어나는 일, 지역 사회에서 곤란한 일, 국가를 초월한 근원적인 문제까지 우리는 각각 과제를 안고 있습니다. 이런 것을 수학을 사용해서 파악하고, 거기서부터 무엇을 할 수 있는지를 생각해보고 싶습니다.

현실 사회의 문제와 추상적인 수학의 개념을 잇는 거리는 멀게 느껴질지 모르지만 발상에 따라 얼마든지 짧아질 수 있습니다. 보통은 300년이 걸린다고 말하지만, 나는 1년만에 해결한 문제도 있습니다. 수학은 쓸모 있다는 감각을 조금이라도 가졌으면 좋겠습니다.

컨설턴트라는 것을 알고 있나요? 기업 등으로부터 의뢰를 받아서 현장을 분석하고 진단한 후에 문제해결을 위한 조언을 하는 일입니다. 이것을 컨설턴트 회사라고 생각해주세요. 내가 사장이고 여러분이 사원입니다. 우리가 '이 문제를 어떻게든 해줘'라는 의뢰를 받았다고 가정하고, 개선할 수 있는지 어떤지를 도전해봅시다.

먼저 구체적인 과제를 생각하기 전에 어떤 흐름으로 대처해서 문제해결로 나아갈 수 있는지 그 방법을 이야기합시다.

　먼저 현장 조사를 하고, '왜' 그 문제가 발생하는지를 분석합니다. 다음으로 '어떻게 하면 좋을까'를 생각합니다. 그리고 그것을 실천해서 결과를 확인하고 잘되지 않을 때는 그 원인을 생각한 후에 이 순환을 처음부터 다시 시작합니다. 이것을 반복하면서 의뢰주가 이상적으로 생각하는 것에 점점 가까이 갑니다.

　이 흐름 속에서 아이디어를 얼마나 낼 수 있는지가 특히 중요합니다. 현상을 철저히 분석한 후에는 더 이상 고민하지 마세요. 아이디어는 한번 끝까지 고민한 후에 긴장을 풀고 편안한 기분이 될 때 나오는 경우가 많습니다. 그리고 아이디어를 실행에 옮기기 전에 다시 한번 꼼꼼히 검토하는 것도 잊어서는 안 됩니다.

　구체적으로는 다음과 같은 점에 주의해서 문제를 해결해 갑시다.

1. 대상을 한정시킨다. 무엇이 문제인가?

먼저 무엇이 원인이 되어 문제가 발생한 것인지, 대상을 가정해도 좋으니까 한정시켜 주세요. 사회 문제는 일반적으로 꽤 복잡한 것이 많으므로 엉망진창으로 얽혀 있는 실타래를 풀어 가는 것과 같습니다. 따라서 문제를 몇 개 정도의 요소로 분해해서 해결해 나가야 하는데, 이 분류법이 솜씨를 보여줘야 할 부분입니다.

2. 가정하다

대상을 한정할 때 중요한 것은 가정으로 가설을 세우는 것이 분석의 첫걸음이라는 것입니다. 이것은 논리와 직관이 모두 필요합니다.

자신이 세운 가설이 틀렸다고 해도 잘못을 두려워하지 마세요. 달인이라도 틀리니까요. 오히려 왜 틀렸는지를 냉정하게 분석하는 것이 중요합니다. 이것을 반복하다 보면 자신이 사고를 할 때의 버릇 같은 것이 보이게 되고, 다음 번에는 실수가 줄어들 겁니다.

게다가 제대로 검토한 것에 대한 실수는 의외로 비난받지 않고 오히려 동정받기도 합니다(웃음). 여러분도 틀리는 것을 두려워하지 말고 더 많이 발언해주세요.

3. 문제점을 정량화하다

정량화라는 것은 여러 가지 양을 수로 나타내는 것입니다. 우리는 지금 어떤 자료도 갖고 있지 않습니다. 실제 연구에서도 자료가 손에 들어오지 않는 일이 흔히 있습니다.

이런 때는 계산의 전제가 되는 것, 예를 들어서 정체와 혼잡에 대해 생각하는 경우 도로 폭, 통행인 수, 전차의 운행 간격, 개찰수 등을 틀려도 좋으니까 가정합니다. 이 장소에는 하루에 1만 명이 지나간다든지, 도로 폭은 10미터라든지, 홈은 5미터×100미터라는 등 현실과 가깝다고 생각되는 것을 상상해서 가정하고 열거해봅니다. 물론 자료가 손에 들어온 경우는 그것을 모아서 이용합니다.

현상 문제를 정량화해서 해결책을 생각하고 개선 효과도 계산합니다. 이 정량화가 있기 때문에 이과계열 무기가 대활약을 하는 것입니다.

'인생의 선택'으로 망설인다면
– 타협점을 발견하는 관계 그래프

문제해결의 수업에 들어가기 전에 여러분이 이제부터 어른이 되는 데 도움이 될 만한 그래프를 가르쳐 드리겠습니다. '트레이드 오프(trade off; 한쪽을 추구하면 부득이 다른 쪽을 희생해야 하는 이율배반적인 관계)'는 사회 문제를 생각할 때면 피할 수 없는 문제입니다. 어떤 의미에서 인생은 모두 트레이드 오프라고도 말할 수 있죠.

예를 들어서 여러분 중에는 운동부 활동을 열심히 하는 사람도 있으리라 생각하는데, 공부와 운동 중에서 어느 쪽이 중요합니까?

아직 2학년에 올라가기 전이라서 부활동이 80% 정도 됩니다. 시험 전에는 좀 달라지지만요.

그런가요. 아직 대학 입학 시험은 멀다는 것이죠. 그래도 3학년이 되면 바뀔지도 모릅니다. 물론 대학 입학을 위해 공부에 시간을 할애해야 하지만, 부활동의 시합도 중요해서 연습에 매진하고 싶다든가 하는 딜레마로 고민하게 될지도 모릅니다.

이와 같이 어느 한쪽을 유리하게 하면 다른 한쪽은 불리해질 때 그 둘을 '트레이드 오프 관계다'라고 말합니다. 흔히 TV 드라마에서 보듯이 우정을 선택할까 사랑을 선택할까 하는 문제와 같은 것이죠(웃음). 해를 지나면 지날수록 트레이드 오프 문제를 많이 겪게 됩니다.

이럴 때는 어떻게 생각하면 좋을까요? 하나의 힌트로 중학교에서 배운 함수 $y = x$와 $y = 1/x$의 그래프(169쪽)로 생각하면 이해하기 쉽습니다.

예를 들어서 공장에서 상품을 만들 때 될 수 있는 한 정확하게 만들고 싶고, 동시에 속도도 높이고 싶습니다. 더 정확하게 만들려면 진중하게 작업해야 하므로 시간이 더 걸리지요. 속도를 높이면 고객에게 많은 상품을 전할 수 있지만 불량품 증가의 가능성도 높아져서 정확함이나 정밀함이 떨어지게 됩니다.

정확함에 별로 연연하지 않고 만들면 생산성은 속도에 따라 올라가므로 x(속도)가 커질수록 y(제품의 개수)도 커지는 비례함수 $y = x$가 됩니다.

한편 '정확함'은 속도를 올리면 일반적으로 떨어지게 되므로 x가 커지면 y가 작아지는 반비례 함수 $y = 1/x$가 됩니다. 이 함수의 모양은 여러 가지로 생각되는데, 여기서는 단순한 반비례로 합니다. 그리고 이 두 개의 그래프는 x의 변화에 따른 트레이드 오프 함수입니다.

이 그래프에 마치 인생의 고뇌가 나타나는 것 같지 않나요? 함수가 하나밖에 없는 단순한 경우는 y를 크게 하려면 어떻게 하면

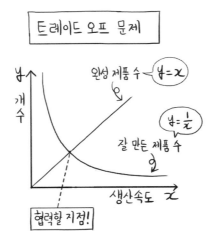

좋을지 금방 알 수 있는데, 함수가 여러 개인 경우는 트레이드 오프 관계가 생겨나는 경우가 많아서 x값을 어디에 둘지 정하는 것이 어렵습니다.

양쪽 다 100점 만점을 따려고 하는 것은 말도 안 되고, 인생은 그렇게 쉽지 않습니다. 따라서 '100점이 아니어도 좋으니까 양쪽 다 70점 정도로 대충 만족하자.' 정도로 생각하게 됩니다.

이것을 전문적으로는 '다수의 목적 최적화'라고 말합니다. 최적화하고 싶은 목표가 여러 개인 문제를 어떻게 풀 것인가 하는 것으로, 해석과 확률론 등의 분야에서 연구되고 있습니다.

그럼 이 경우의 타협안은 어디에 있을까요? 바로 그래프의 교점에 있습니다.

$y = x$와 $y = 1/x$의 교점은 특별한 점인데, 이 점으로부터 x가 커지면 $y = 1/x$가 작아지고, 반대로 x가 작아지면 $y = x$가 작아집니다. 결국 이 점보다 x가 커져도 작아져도 어느 쪽인가는 손해를 보게 됩니다. 이 점을 '파레토 최적(Pareto optimum)'이라고 부르고, 여기가 타협점이 되는 것입니다. 파레토 최적은 둘째 날 게임이론(87쪽)에서도 살펴보았습니다.

물론 $y = x$나 $y = 1/x$ 중 어느 한쪽만을 생각해서 한쪽을 무시해버리는 전략도 생각할 수 있는데, 이렇게 되면 도박 인생을 살게 됩니다(웃음). 트레이드 오프를 잘 타협하면서 헤쳐나가는 균형 감각을 갖는 것도 인생에서는 중요합니다.

이런 식으로 함수의 그래프를 보면 스토리가 느껴져서 즐겁습니다.

꼭 직접 그래프를 그려봐 주세요. 지금부터 미래, 즉 자신이 나아갈 길에서 길을 잃기도 하겠지만 모순이 되는 여러 개의 목적을 달성하려고 할 때 이 그래프를 떠올려서 어디가 타협점인지를 생각해보면 해결책이 보일지도 모릅니다.

가까운 정체를 생각한다

그러면 수리과학을 사용해서 뭔가 실제로 생각해보고 싶지 않나요? 어떤 주제를 다루고 싶은가요? 뭐라도 좋아요.

주변에서 발생하는 문제이기도 하고 선생님 이야기를 듣고 흥미가 생겼는데, 정체에 대해서 좀 더 생각해보고 싶습니다.

나의 전문 분야를 말해주니 기쁩니다. 그럼 정체와 혼잡에 대한 대처는 어떻게 하면 좋을지를 수리과학을 사용해서 생각해 볼까요?

실제로 나에게 오는 의뢰는 도쿄 내의 혼잡에 관한 것이 가장 많습니다. 여러분이 신경 쓰이는 곳이 있나요? 일반적으로 잘 가는 맥도날드나 스타벅스에 들어가려고 줄을 서는 것도 좋아요.

새 가게가 생겼을 때는 사람들이 많이 찾아와서 순식간에 줄을 서서 기다리게 되는 경우가 발생하지요.

확실히 일본인은 줄을 잘 섭니다. 나는 독일에 살았던 적이 있는데, 거리에 줄이 늘어선 것을 본 일이 별로 없었습니다. 인도에 갔을 때는 줄 사이를 비집고 들어가는 사람이 많아서 곤란했던 경험도 있습니다(웃음).

반대로 사람이 적은 가게에 사람이 많이 오도록 할 수도 있습니까?

네, 혼잡한 가게와 비어 있는 가게가 있지요. 실제로 인기없는 가게에 손님이 많이 오도록 하려면 어떻게 하면 좋을지를 의뢰하는 사람도 있었습니다. 음식점의 경우 물론 맛에 대한 문제도 있겠지만, 가게 위치나 사람의 동선에도 관계가 있습니다.

편의점의 선반을 보면 음료수 판매대는 반드시 안쪽에 있죠. 주스를 사려고 안으로 들어가다보면 다른 상품도 보게 되어 무심코 손이 나갑니다. 가장 인기 있는 것을 안쪽에 두면, 그 외의 물건도 살펴보게 되는 것입니다. 이런 것을 생각해보는 것도 재미있을지 모릅니다.

도쿄 마라톤은 어떻습니까?

아, 좋네요. 나도 TV에서 몇 번인가 봤는데 큰 도로를 가득 채운 큰 무리의 영상에 언제나 놀랍니다. 참가자는 3만 명 이상인 듯합니다.

몇 가지 문제가 나왔는데 여러분이 해보고 싶은 것을 하나만 다수결로 골라보면, …… 도쿄 마라톤이 많은 것 같네요. 자, 이 이벤트에 대해 생각해 봅시다.

비어 있는 안쪽 창구로 사람을 유도하려면

도쿄 마라톤에 대해서 몇 년 전 어떤 TV 프로그램에서 내게 조사를 의뢰했습니다. 참가자의 짐을 맡아두는 창구의 혼잡 문제였습니다. 3만 명 모두가 달리기 전에 옷을 갈아입고 달리기가 끝나면 또 갈아입어야 하므로 이건 아주 큰 일입니다. 짐 관리와 옷을 갈아입는 장소 확보 등은 주최측 관할이라 골치 아픈 문제입니다. 이 경우를 준비운동하는 셈치고 먼저 살펴봅시다.

당시 수하물 접수처는 '평행 창구'였습니다. 창구의 배치 방법에는 사람들이 오는 방향에 대해 평행으로 배치한 '평행 창구'와 수직으로 배치한 '대면 창구' 두 가지가 있습니다.

역의 표 판매기와 마라톤의 급수대 등은 평행 창구입니다. 대면 창구에는 어떤 것이 있을까요?

큰 유원지의 입구라든가 고속도로 요금소 등이 있습니다.

그렇네요. 양쪽 다 장점과 단점이 있는데, 대면 창구의 장점은 가까이 가면서 창구를 고르므로 각각의 창구에서 기다리는 사람 수가 균등하게 되기 좋다는 것입니다. 단점은 많은 창구를 설치 하려면 통로 폭이 넓어야 한다는 것입니다.

반대로 평행 창구는 통로에 따라 많은 창구를 설치할 수 있으 므로 좁은 장소에서는 평행 창구의 경우를 흔히 볼 수 있습니다. 도쿄 마라톤의 수하물 접수처도 평행 창구였는데, 그럼 이 창구 의 문제점은 무엇일까요?

가장 가까운 곳의 창구에 사람이 집중됩니다. 역의 표 판매기에서도 가까운 곳만 혼잡하고 안으로 들어가보면 의외로 비어 있는 곳이 꽤 있습니다.

맞아요. 평소에도 흔히 볼 수 있습니다. 사람은 가능한 한 가까 운 창구를 고르게 되므로 창구가 균등하게 사용되지 않게 됩니 다. 화장실에서도 입구 가까이에 있는 쪽이 자주 사용되고, 안쪽의 사용 빈도는 낮다는 자료도 있습니다.

그럼 평행 창구가 균등하게 사용되기 위해서 어떻게 하면 좋을까요?

안쪽이 비어 있어서 빠르다는 것을 안다면 안쪽으로 옮기려고 할 테니 그 사실을 알려주면 어떨까요?

안쪽 창구를 이용한 사람이 이익이라는 느낌을 갖도록 노련한 사람을 안쪽 창구에 배치해서 줄이 쭉쭉 진행되도록 하면요?

좋은 발상입니다. 그와 같이 사람의 행동을 바꾸거나 촉진시키기 위해서 외부 환경에서 무언가 자극을 주는 것을 '인센티브를 준다'고 말합니다.

노련한 접수원을 안쪽에 배치하고 가까운 곳에는 신입 접수원

을 배치하면, 안쪽이 빠르게 처리되므로 줄이 금방 짧아집니다. 한편 가까운 창구에서 기다리는 행렬은 자꾸자꾸 길어지므로 그 모양을 본 사람은 안쪽으로 이동하려고 생각하겠죠.

다른 방법으로는 바닥에 테이프를 붙이거나 표시를 붙이는 장치가 있습니다. 이렇게 하면 사람들은 그것이 밟고 싶어져서 자연스럽게 안쪽으로 움직이는 일이 생기기도 합니다. 평소 보폭 정도의 타일이 바닥에 늘어서 있는 데를 지날 때면 무심코 타일을 순서대로 밟고 싶다는 기분이 들지 않습니까?(웃음)

때로는 음악도 효과적이라고 알려져 있습니다. 행진하기 좋은 템포의 곡이 들리면 어느 정도 혼잡해도 사람들은 앞으로 나아가고 싶어진다는 실험 자료도 있습니다. 이런 궁리를 통해 안쪽 창구로 향하게 하는 것이 가능할지도 모릅니다.

그리고 재미있는 것인데, 인간도 벌레도 마찬가지로 밝은 쪽으로 향하는 경향이 있습니다. 나리타 공항의 보안을 점검하는 창구 중에서 유독 줄이 길게 늘어서는 창구가 있어서 왜 그럴까 조사해 보았더니, 창구 위에 희고 밝은 간판이 있었다는 것입니다.

한편 파란 간판이 눈에 들어오는 쪽의 창구에는 사람이 전혀 가지 않았습니다. 그런데 두 창구는 양쪽 다 같은 거리만큼 떨어져 있었습니다. 결국 출구 위에 파란 램프와 희고 밝은 램프가 있을 때는 흰 램프 쪽으로 향하는 사람이 많다는 것을 알았습니다. 이런 조명 하나로도 사람의 행동은 변하는 것입니다.

대상의 '급소'를 발견하다

그럼 도쿄 마라톤에 대해 생각하면, 주최측의 어려움에 무엇이 있을까요?

도로의 교통 정리

출발할 때의 혼잡

화장실이라든가, 물을 보급하는 곳의 혼잡

그렇죠. 여러 가지 문제가 있습니다. 그러나 모든 문제를 동시에 생각하려면 일을 시작하기 어렵기 때문에, 가장 곤란해 보이는 문제와 그 원인 분석으로 목표를 좁힙시다. 혼잡에 대해서 생각할 때는 역시 인구밀도에 주목하는 것이 좋습니다.

3만 명 전원이 한 장소에 모이는 것은 출발점입니다.

그렇습니다. 출발할 때는 작은 장소에 모두가 모여야 하므로 여기가 급소라는 것은 알겠죠. 여기에 목표를 좁혀서 문제를 설정해 봅시다.

질문 | 3만 명이 출발선을 가로질러 달릴 때, 어떻게 하면 모두를 빨리 원만하게 출발시킬 수 있을까?

여러분에게 이 문제를 정량화하고 분석하라고 해도 지식이 전혀 없으면 어려우므로 사람의 혼잡을 생각하는 데 사용하는 무기를 몇 가지 전수하겠습니다. 이것은 내가 정체를 분석할 때 사용하는 것입니다.

아이템 장착 ①
인파와 걷는 속도의 관계

정체를 생각할 때 중요한 것은 사람이 어떻게 움직일지 그 흐름을 분석한 자료입니다. 보통 나타내는 방법이 있는데, 먼저 사람의 움직이는 속도와 인구밀도의 관계를 나타낸 그래프(180쪽)를 봅시다.

세로축은 사람이 걷는 속도로, 1초에 평균 몇 미터를 움직이는지를 나타냅니다. 가로축은 인구밀도로, 1제곱미터에 몇 명이 있는지를 나타냅니다. 인구밀도가 늘어나면 물론 걷는 속도는 늦어집니다. 이것은 내가 주로 젊은 사람의 걷는 속도를 분석한 자료입니다.

그런데 여러분은 혼자서 걸을 때 어느 정도 속도로 걷는다고 생각합니까?

1초에 3미터 정도요.

빨리 걷는 고등학생이라면 그 정도는 할 수 있을 거예요. 나도 빠르게 걸을 때 그 정도 속도가 됩니다.

평균적으로는 1초에 1.5미터 정도죠. 그래프에서도 인구밀도가 낮을 때는 1초에 1.6미터 정도입니다. 길이 혼잡해지면 걷기 어려워지고, 1제곱미터에 3명 정도가 되면 속도가 1초에 0.4미터까지 떨어집니다.

단 이런 결과는 상황에 따라 상당히 다릅니다. 최근에는 핸드폰을 만지면서 걷는 사람이 많은데, 물건을 보면서 걷고 있으면 주위가 보이지 않아서 자연히 속도도 떨어집니다.

또 거리를 걷고 있는 사람은 젊은 사람뿐 아니라 고령자나 아이가 함께인 가족도 있는데 이런 사람들은 대개 속도가 반 정도 됩니다.

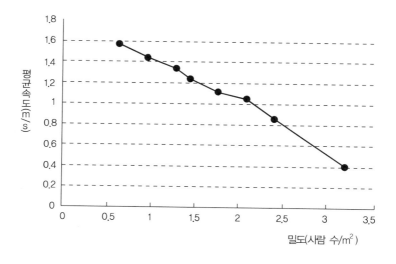

나라에 따라서도 다릅니다. 이탈리아, 인도, 중국, 독일 등에서 조사했는데, 평소 혼잡에 익숙한 인도와 중국 사람이 천천히 걷는 유럽 사람보다 혼잡할 때 걷는 속도가 빠릅니다.

좀 다른 이야기지만 인도의 도로는 소, 말, 돼지 등도 포함해서 수십 종류의 탈 것이 언제나 함께 움직이고 있습니다. 그럼에도 불구하고 이상하게도 정체하지 않고 흐르고 있습니다.

어떻게 그런 것이 가능합니까?

그 이유 중 하나는 인도에서는 모두가 경적을 울리기 때문입니다. 이 때문에 소리만으로 보지 않고도 서로의 장소를 확인할 수 있습니다. 계속 경적을 울리면서 빠르게 달려가는 모습은 스릴 만점입니다. 나도 몇 번인가 인도에서 이런 택시를 탔는데, 그때마다 무서워서 눈을 감고 말았습니다(웃음).

아이템 장착 ②
최상급 흐름은 '1초 규칙'

그럼 그래프를 하나 더 봅시다.

다음 쪽 그래프의 가로축은 아까와 같은 인구밀도이고, 세로축은 속도가 아니라 '교통량'입니다. 전문적으로는 '유량'이라고 합니다.

도로나 지하철의 통로 끝에 앉아서 뭔가를 하나하나 세고 있는 사람을 본 적이 있죠? 그것은 교통량을 조사하고 있는 것으로, 일정한 시간 안에 눈앞에 몇 명이 통과하는지를 세고 있습니다. 보통은 '1미터 통로 폭당 1초에 몇 명이 지났는가'를 교통량으로 합니다.

　　그러면 2미터 통로 폭의 길을 1분 동안 120명이 통과하면 교통량은 어느 정도입니까?

　　1미터 폭당 60명이므로, 60명÷60초로 '1'입니다.

　　정답입니다. 단위는 답을 구할 때의 조작을 그대로 쓰면 되므로 '1명/미터·초'로 분모에 미터와 초의 곱셈이 들어갑니다. 이 양을 알 수 있으면 도로 폭이 얼마라도 교통량이 어떻게 되는지

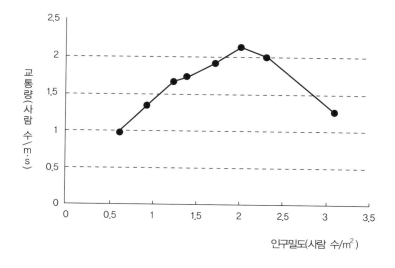

를 간단히 계산할 수 있습니다.

교통량과 인구밀도의 그래프는 산 모양이죠. 사람도 차도 반드시 산 모양이 되는데, 왜 이런 모양이 되는지 알고 있나요?

1제곱미터에 2명이 있을 때가 교통량이 가장 많고 이 밀도까지는 원만하게 흐르는데, 이 이상으로 사람 수가 증가하면 막혀버리기 때문입니다.

맞습니다. 1제곱미터에 2명 정도까지는 자유롭게 움직일 수 있습니다. 자유롭게 움직일 수 있을 때는 사람 수가 증가하면 할수록 교통량도 늘어서, 그래프는 오른쪽 위가 올라가는 모양이 됩니다. 유량이 최대가 되는 것은 1제곱미터에 2명으로, 이 이상으로 차면 유량은 떨어져 버립니다.

1제곱미터에 2명이라는 것은 각각 대략 50센티미터는 떨어져 있다는 것이네요. 이 정도가 되도록 사람의 흐름을 잘 조정할 수 있다면 교통량이 제일 많게 되는 가장 좋은 흐름이라고 말할 수 있습니다.

이것을 감각적으로 말하면 바로 앞에 걷고 있는 사람의 발자국을 1초 후에 자신이 밟는 이미지입니다.

실제로 어떤 회의장에서 옆의 회의장으로 1000명이 이동하는 실험을 한 일도 있습니다. 처음에는 아무 말도 하지 않고 모두 이동했을 때 이동이 끝날 때까지 25분 걸렸습니다. 다음으로 '1초 후에 바로 앞 사람의 발자국을 밟는다는 기분으로 움직여 주세요'

가장 좋은 1초 규칙

50cm정도

1초 후에 앞사람의
발자국을 밟는다.

라고 말했을 때 흐름이 급격히 좋아져서 이동 시간이 무려 16분
으로 줄었습니다.

이 '1초 규칙'이 이론상 가장 좋은데, 대개는 이것이 지켜지지
않고 간격이 점점 좁아져서 교통량이 떨어지므로 결과적으로 모
두에게 손해입니다. 급하면 돌아가라는 말을 하는 것은 아니지
만, 적당히 공간을 유지하며 이동하는 편이 빠릅니다.

반대로 너무 밀집해서 움직일 수 없게 되는 정도는 1제곱미터
에 6명 정도인데, 이때는 아무도 움직일 수 없으므로 교통량은
제로가 됩니다. 만원 지하철도 대개 이 정도입니다. 그리고 1제
곱미터에 이 이상 차버리면 생명의 위험에까지 이르게 됩니다.

2001년 효고 현의 아카시 시에서 꽃놀이가 있었을 때, 한 다리
에서 11명이 사망하는 사고가 있었습니다. 이때 1제곱미터에
14~15명이 있었다고 합니다. 이 정도가 되면 약 400킬로그램의

압력이 걸리기 때문에 압사해버립니다.

사람의 흐름에 대한 두 개의 그래프를 봤는데, 사람의 움직임을 정량화해서 생각할 때는 이런 수를 생각해 두는 것이 도움이 됩니다.

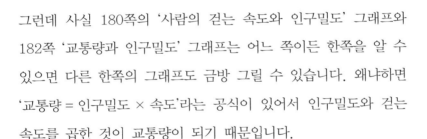

아이템 장착 ③
'영차'로 간략화하는 의미

그런데 사실 180쪽의 '사람의 걷는 속도와 인구밀도' 그래프와 182쪽 '교통량과 인구밀도' 그래프는 어느 쪽이든 한쪽을 알 수 있으면 다른 한쪽의 그래프도 금방 그릴 수 있습니다. 왜냐하면 '교통량 = 인구밀도 × 속도'라는 공식이 있어서 인구밀도와 걷는 속도를 곱한 것이 교통량이 되기 때문입니다.

밀도의 기호는 ρ(로)라고 씁니다. 이것은 세계 공통으로 사용되는 그리스 문자입니다.

그리고 교통량을 Q라고 나타냅니다. 이야기를 간단히 하기 위해서 여러분이 같은 속도로 움직인다고 하고 속도를 V라고 합시다. 즉 1초에 움직이는 거리를 V미터라고 합니다. 길의 가로 폭을 1미터라고 하면 1제곱미터에 ρ명인 인구밀도이므로 V미터의 구간에는 $V \times \rho$명이 됩니다.

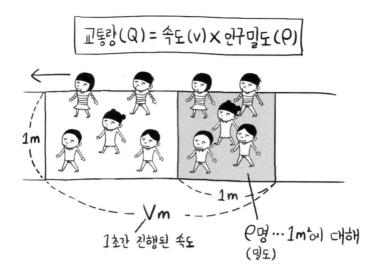

$$교통량(Q) = 속도(V) \times 인구밀도(\rho)$$

Vm
1초간 진행된 속도

ρ명...$1m^2$에 대해
(밀도)

따라서 1초 동안 지나가는 사람 수는 이 $V \times \rho$로, 이것이 교통량 Q가 됩니다.

그것은 알지만, 그래프는 어떻게 그릴 수 있죠?

180쪽의 그래프 '사람의 걷는 속도와 인구밀도'를 봐주세요. 혼잡하면 늦게 되므로 오른쪽 위가 올라가는 모양으로 되어 있는데, 이것을 직선으로 단순화해서 'V(속도) $= 1 - \rho$(밀도)'라고 나타내봅시다.

그 수는 어디서 나온 것입니까?

자료가 오른쪽으로 점점 내려가는 것을 수식으로 나타낸 것입

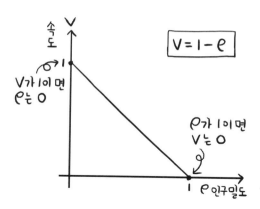

니다. 식은 여러 가지로 나타낼 수 있는데 점점 내려가는 단조감소(單調減少)의 그래프 중에서 가장 쉬운 식이 바로 이것입니다.

사실은 인구밀도가 0일 때는 아무도 없겠고, 인구밀도가 1일 때도 움직일 수 있지만 그런 것은 무시해버리고 '점점 내려간다'를 간단히 고쳐서 식으로 나타낸 것입니다.

이 '$V = 1 - \rho$'를 교통량의 공식 '교통량 = 인구밀도 × 속도'에 대입하면 '$Q = \rho \times (1 - \rho)$'이죠. 학교에서 보통 사용하고 있는 기호인 x와 y로 나타내면 이차함수 '$y = x(1 - x)$'네요. 이 ρ와 Q 값을 그래프로 나타내면 다음 쪽 그림과 같이 凸의 산 모양이 됩니다.

이것은 182쪽의 '교통량과 인구밀도의 그림' 모양과 같게 되겠죠. 이 이차함수의 그래프가 사람의 움직임을 분석할 때 사용할 수 있는 것입니다. 이차함수의 꼭짓점에서 흐름의 효율이 가장 좋은 상태가 됩니다.

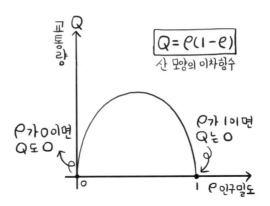

대체 같은 모양이 되는 것은 알겠지만 단순화해서 식을 세워서, 그것을 그대로 '사람의 흐름의 분석'에 사용할 수 있다는 것이 이상합니다.

이것이 수학의 단순화인 것입니다. 현실의 자료는 울퉁불퉁하지만, 그것을 있는 힘껏 간단한 식으로 나타내서 심플하게 본질 부분만을 빼내서 사용하는 것이죠.

'오른쪽으로 내려감', '산 모양'이라는 부분을 빼내면 사용할 수 있는 식이 된다는 것입니까?

그렇습니다. 근본이 되는 성질만 빼내면 나머지 자세한 부분은 수정만 조금 하면 됩니다. 예를 들어서 집을 살 때 5천만 엔이 든다고 하면, 100엔쯤은 더 지불해야 할 일이 생겨도 별로 화나지 않지요(웃음).

그렇게 해서 두 개의 그림은 관계식 '유량(교통량) = 인구밀도 ×속도'로 이어져 있으므로 어느 한쪽을 알 수 있으면 계산해서 수치가 나오는 것입니다.

인구밀도와 속도, 그리고 교통량 이 세 가지를 정량적인 수로 나타냄으로써 좀 더 객관적인 제안이 생깁니다. 이 중에서 이번 강의에 가장 중요한 것은 교통량입니다. 출발점의 흐름을 효율이 좋게 하려면 교통량을 최대화하면 좋습니다. 그럼 이것을 목표로 힘을 내봅시다.

문제해결 ① 베이스의 정량화
3만 명이 늘어선 도쿄 마라톤 출발 지점

다시 도쿄 마라톤에 대해 생각해봅시다. 출발 지점의 현장을 조사했을 때 다음과 같은 상황임을 알았습니다.

- 각자 과거의 최고 기록 또는 예상 시간순으로 10블록 정도로 나뉘어 있다.
- 출발선에서부터 마지막 줄까지 약 9000미터의 길이다.
- 마지막 줄의 주자가 출발선을 넘을 때까지 약 20분 걸린다.

출발에 20분이나 걸리다니 꽤 기네요.

빨리 달리고 싶어서 근질근질 하겠죠(웃음). 이 교통량을 될 수 있는 한 크게 하면 출발 지점의 시간당 통과하는 사람 수가 많아지게 되므로, 3만 명 중 마지막 줄에 있는 사람도 빨리 출발 지점을 통과할 수 있습니다. 그럼 어떻게 하면 좋을까요?

전체를 10블록으로 나누었다는 것은 1블록당 대략 3000명씩 있다는 것이네요.

만약 블록으로 나누지 않고 출발하면 어느 정도 걸릴까요?

블록으로 나누어 달리면 장점이 있겠지만, 프로 대회가 아닌 여러 사람들이 달리는 마라톤이므로, 계산을 간단히 하기 위해 블록으로 나누지 않는 방법으로 검토해볼까요. 그럼 어떻게 출발 지점에 늘어서면 좋을까요?

사람과 사람 사이를 꽉 채우지 않고, 조금 사이를 두고 섭니다.

사이를 조금 두는 것은 좋다고 생각합니다. 출발 신호와 함께 뒷사람도 조금이지만 곧 움직여 나갈 수 있죠.

꽉 차 있는 것과 사이를 두는 것만으로 시간이 달라집니까?

그것을 확인하기 위해 실제로 계산해봅시다. 지금부터 조금 수준이 올라가는데, 될 수 있는 한 고등학교 3학년 범위에서 생각할 테니 힘내서 함께 가주세요.

먼저 출발 지점의 도로 폭 정보가 필요합니다. 이것을 실제로 조사해보면 좋지만 지금은 가정으로 해봅시다. 사람이 늘어서는 것이 가능한 가로 폭은 15미터 정도라고 합시다. 참고로 도로 폭은 실제로는 이것보다 조금 더 넓다고 생각하세요. 안전상의 이유로 도로 끝에는 사람을 세우지 않도록 한다고 합시다.

그리고 한사람 한사람이 각각 가로 세로 50센티미터인 정사각형 땅을 차지하고 서 있다고 생각해 주세요. 그럼 도로의 가로와 세로에 각각 몇 명이 늘어설 수 있을까요?

가로 폭은 15미터이고 한 사람은 50센티미터의 폭이므로 30명이 가로로 늘어섭니다. 3만 명이 늘어서려면 길을 따라 세로로 늘어선 사람은 30000명 ÷ 가로 1줄의 30명 = 1000명입니다.

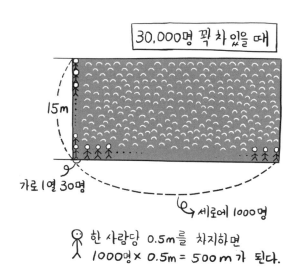

30,000명 꽉 차 있을 때

15m

가로 1열 30명

세로에 1000명

한 사람당 0.5m를 차지하면
1000명 × 0.5m = 500m 가 된다.

한 사람이 선 땅은 가로 세로 50센티미터의 길이였으므로 꽉 차면, 출발점에서부터 마지막까지의 거리는 1000명 × 0.5미터로 500미터가 됩니다. 이때 길이 1미터당 인구밀도는 2명입니다(1 제곱미터의 넓이에는 4명).

그럼 모두가 간격을 두고 설 때 전체 길이가 L이 된다고 하면, 이때 길이 1미터당 밀도는 '1000 ÷ L'로 구할 수 있다는 것을 기억해 두세요.

문제해결 ② 베이스의 식을 세운
속도와 밀도 관계를 일차함수로

여기서 180쪽의 '사람의 걷는 속도와 인구밀도'의 그림을 사용해 봅시다. 밀도가 제로에 가까우면 자유롭게 움직일 수 있고 최대 밀도일 때 속도는 제로가 됩니다. 밀도가 증가하면 속도는 감소하므로, 이것을 나타내는 간단한 식은 'V(속도)= $1 - \rho$(인구밀도)'로 했습니다. 이 식의 수를 좀 더 실제에 가깝게 바꿔 갑니다.

단 마라톤의 출발선에 사람이 잘 늘어서 있는 것을 말하므로, 앞으로 인구밀도는 1제곱미터는 아니고 1미터 길이당 사람 수로 계산합시다. 이런 밀도를 전문용어로 '선밀도'라고 합니다.

이렇게 되면 사람이 한 줄로 늘어서 있을 때 최대 밀도는 길이

1미터당 2명입니다. 이것이 꽉 채워진 줄이 '앞으로 정렬'하고 있는 상태입니다.

그리고 자유롭게 움직일 수 있는 속도는 속보를 고려해서 1초에 3미터라고 합니다. 실제로 속보를 하고 있을 때는 대개 이 정도입니다.

앞으로 속도는 V가 아닌 u로 나타내는데, 이것을 그래프로 나타내 보면 아래와 같이 됩니다.

세로축의 속도가 3일 때의 인구밀도를 0, 인구밀도 2일 때는

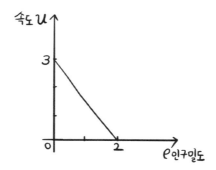

속도 0으로 합니다. 이것을 이용해서 식을 세우는데, 우리에게 익숙한 x와 y를 사용해봅시다.

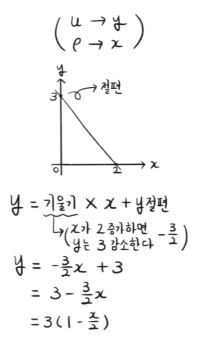

$$\left(\begin{array}{c} u \to y \\ \rho \to x \end{array}\right)$$

$y = 기울기 \times x + y절편$

└ (x가 2증가하면 $-\frac{3}{2}$)
  y는 3 감소한다

$y = -\frac{3}{2}x + 3$

$\quad = 3 - \frac{3}{2}x$

$\quad = 3(1 - \frac{x}{2})$

이것은 중학교에서 배운 일차함수네요.

맞아요. 모두 잘 알고 있는 일차함수가 속도와 밀도의 관계를 나타낼 때 사용되는 것입니다. 밀도 ρ, 속도 u로 되돌리면,

$$u = 3\left(1 - \frac{\rho}{2}\right)$$

라고 쓸 수 있습니다.

이 식에는 밀도 ρ가 들어 있는데, 이것을 출발점에서부터 마지막 줄까지의 길이 L로 바꿉시다. 이제 ρ(인구밀도) = 1000 ÷ L

을 대입하면,

$$u = 3\left(1 - \frac{500}{L}\right)$$

이 됩니다.

이것으로 속도의 식이 완성되었습니다. 그런데 우리가 알고 싶은 것은 속도가 아닌 시간입니다.

출발 신호가 울리고 나서 마지막 줄에 있는 사람이 출발선을 통과하는 시간이죠.

그렇죠. 그것을 구하려면 좀 더 궁리할 필요가 있습니다.

문제해결 ③ 해결하기 위한 아이템을
속도가 전한다 '팽창파'

이제부터 주의해서 들어 주세요.

출발 신호로 모두가 일제히 움직여 나간다고 합시다. 이때 출발 신호가 뒤쪽까지 스피커 등으로 한번에 전해진다고 가정합시다. 행렬의 선두에 있는 사람은 앞에 아무도 없으므로 출발 직후에 1초 동안 3미터의 속도로 움직입니다. 그 다음 사람도 선두 사람이 움직인 뒤에는 같은 속도로 움직일 수 있습니다. 이렇게 해서 앞에서부터 순서대로 최고 속도인 3미터/초로 움직일 수 있습니다.

이와 같이 '앞이 비었다'고 하는 정보가 차례로 행렬의 뒤로 전해 가는 것을 일종의 파(도)로 생각해서 '팽창파(膨脹波)'라고 부릅니다. 행렬의 선두로부터 점점 앞으로 나아가는 모습이 행렬이 팽창하고 있는 것처럼 보이기 때문에 팽창파라고 한 것입니다.

팽창파의 속도는 평균 1초에 1미터 속도로 뒤로 전해집니다. 이 속도는 개개의 사람이 움직이는 빠르기에 그다지 영향을 받지 않으므로 매초 1미터로 일정하다고 가정합니다.

팽창파가 도착하면 그 지점에 있는 사람은 최고 속도로 그 이후로 쭉 움직일 수 있는데, 팽창파가 오기 전에는 속도 u로 걷습니다. 팽창파가 전해지기까지는 u로 움직이고, 파가 전해진 단계에서 3미터/초로 움직일 수 있게 됩니다.

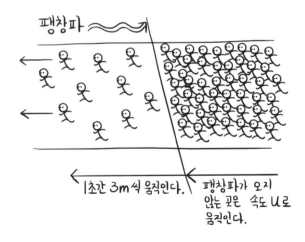

그럼 지금 구하는 것은 행렬에 선 사람들이 모두 출발선을 가로지르는 시간 T, 즉 행렬 마지막 줄의 사람이 출발선에 도착하는 시간이네요. 가장 뒤쪽에 있던 사람은 팽창파가 닿을 때까지는 속도 u로 걷는데, 팽창파가 닿는 것은 언제일까요?

그것은 '반대 방향에서 걸어오는 두 사람이 몇 초 후에 만날까'라는 문제와 같습니까?

맞아요. 행렬의 전체 길이는 L이었기 때문에, L만큼 떨어진 두 사람이 한쪽은 속도 1미터/초로 걷고 다른 한쪽은 속도 u로 걸어서 서로 가까워질 때, 몇 초 후에 만날까요?

L을 $1+u$로 나누면 됩니다.

네, 정답입니다. 서로 가까워져가는 상대적인 속도는 두 개의 속도를 더해 $1+u$입니다. 이 속도로 L만큼의 거리를 움직이는 시간을 구하면 됩니다. 따라서 팽창파가 첫째 줄에서 마지막 줄

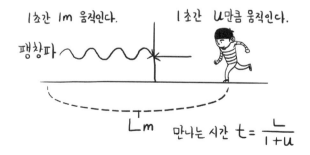

문제해결 ③ 해결하기 위한 아이템을 속도가 전한다 '팽창파'   **197**

까지 도달하는 시간을 t라고 쓰면

$$t = \frac{L}{1+u}$$

이 됩니다. 이렇게 하면 모두가 출발선을 통과하는 시간인 T를 구할 수 있습니다.

정리하면 팽창파가 닿는 시간 t까지는 속도 u로 걷고, 그때까지 움직인 거리는 '속도 u × 시간 t'네요. 남은 길이 '$L-ut$'는 최고 속도 3미터/초로 움직일 수 있으므로 다음 그림과 같이 나타낼 수 있습니다.

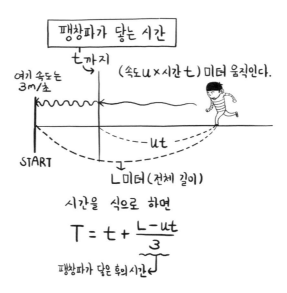

이 식의 t와 u 중에 지금까지 얻어진 식을 모두 대입하고 정리하면 다음 그림처럼 됩니다.

대입한다 $\left(\begin{array}{l} \cdot\ t = \dfrac{L}{1+u} \\[2mm] \cdot\ u = 3\left(1 - \dfrac{500}{L}\right) \end{array} \right.$

관계없는 것을 앞에 내놓고

$$T = \frac{L}{3} + t - \frac{u}{3}t$$

$$= \frac{L}{3} + \left(1 - \frac{u}{3}\right)t \quad \boxed{u\text{와 }t\text{에 대입}}$$

$$= \frac{L}{3} + \left(1 - \frac{3}{3}\left(1 - \frac{500}{L}\right)\right) \times \frac{L}{1+u}$$

$$= \frac{L}{3} + \frac{500}{L} \times \frac{L}{1 + 3\left(1 - \frac{500}{L}\right)} \quad \boxed{\text{한번 더 }u\text{에 대입}}$$

$$= \frac{L}{3} + \frac{500}{1 + 3\left(1 - \frac{500}{L}\right)}$$

$$\boxed{T = \frac{L}{3} + \frac{500}{1 + 3\left(1 - \frac{500}{L}\right)}}$$

모두가 통과하는 시간 (T)의 식이 나왔다.

모두가 통과하는 시간 T를 행렬의 초기 길이 L의 함수로써 이와 같이 쓸 수 있습니다. 좀 복잡한 식이 되었는데, 이것이 구하고 싶었던 통과 시간입니다.

문제해결 ④ 극치로 대답을
'최소시간'을 미분으로 찾는다

여러 가지 요소를 넣어가며 식을 세워가네요. 이 T를 최소로 하는 L(전체 길이)을 구하면 되는 것입니까?

바로 그것입니다. 그럼 어떻게 할까요? 여러분이 아직 배우지 않았는데, 둘째날 말했던 '미분'을 사용하면 됩니다.

우리들이 알고 싶은 것은 모두가 출발선을 통과하는 것이 끝나는 시간 T가 최소가 될 때의 길이 L입니다.

여기서 다음 쪽의 그래프를 떠올려서 이런 식으로 될 때는 …… 하고 가정해봅시다.

3만 명이 늘어섰을 때, 너무 줄을 길게 세우면 출발 신호로 모두가 움직일 때 마지막 줄이 너무 멀리 떨어져 있어서 출발지점

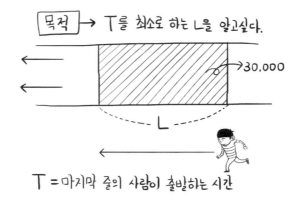

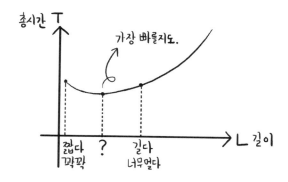

에 도착할 때까지 시간이 걸리죠. 줄이 길수록 시간이 더 걸리게 됩니다.

반대로 3만 명이 꽉꽉 채워져서 전체 길이를 짧게 했을 때는 어떻게 될까요?

뒷사람이 움직일 수 없게 되므로 오히려 시간이 더 걸리게 되나요?

그렇죠. 너무 꽉 차도, 너무 떨어져도 시간이 걸리므로 그 사이에 딱 좋은 길이가 있지 않을까요? 어느 정도 사이를 두는 편이 전체 흐름을 좋게 해서 움직이기 좋을 거라고 상상하는 것입니다.

이때 미분을 사용하면 최대가 되는 것과 최소가 되는 것이 어딘지 그 '극값'을 간단하게 구할 수 있습니다.

그래프에서 시간이 가장 짧은 점을 봐주세요. 그래프 위의 다른 점과의 차이는 접선을 그으면 그 점에서만 완전히 수평이 되네요. 그 외에는 접선이 반드시 기울어집니다.

접선이 수평일 때 기울기는 0이 됩니다. 미분은 변화의 비율,

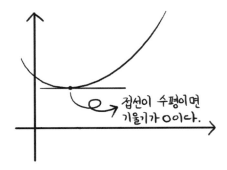

즉 기울기를 구하는 것이므로 미분해서 0이 되는 값이 있으면 그 래프에서 가장 짧은 시간의 지점이 됩니다.

그래서 미분의 식을 세우는데, 이 경우는 길이 L에 따라 총 시간 T가 어느 정도 달라지는지를 알고 싶기 때문입니다.

$$\frac{dT}{dL} = 0$$

길이에 따라 시간이 어느 정도 달라질까?

분모에 요인을 두고, 분자에 주목하고 있는 대상을 두어서 변화의 모양을 보고 싶은 것입니다. 미분해서 그것을 0으로 두면 L의 식을 세울 수 있고, 이것을 푸는 것으로 통과 시간을 최소로 하는 L을 얻을 수 있습니다.

그럼 T의 식을 L로 미분하는 것인데, 이것은 나중에 배우게 될 미분 공식을 사용해서 풀어가면 유도할 수 있습니다. 이번 강의는 이런 자세한 계산 방법의 설명은 생략하지만, 수업 후에 푸는 법이 적힌 종이를(225쪽) 줄 것이므로 흥미 있는 사람은 도전해주세요.

여기에는 답만을 쓰면

$$T \text{ 식을 } L \text{로 미분하면…}$$

$$\Downarrow$$

$$\frac{dT}{dL} = \frac{1}{3} - \frac{\frac{3 \times 500 \times 500}{L^2}}{(1 + 3(1 - \frac{500}{L}))^2} = 0$$

이 됩니다.

이 식을 풀면 L은

풀이 과정을 일부 써보면

$$\frac{1}{3} - \frac{3 \times 500 \times 500 \times \frac{1}{L^2}}{(1 + 3(1 - \frac{500}{L}))^2} = 0$$

(이항)

$$\frac{1}{3} = \frac{3 \times 500 \times 500 \times \frac{1}{L^2}}{(1 + 3(1 - \frac{500}{L}))^2}$$

(양변에 서로의 분모를 곱하면)   2개씩!

$$\therefore (1 + 3(1 - \frac{500}{L}))^2 = 3 \times 3 \times 500 \times 500 \times \frac{1}{L^2}$$

(양변에 제곱근을 취한다.)

$$1 + 3(1 - \frac{500}{L}) = 3 \times 500 \times \frac{1}{L}$$

계속

$$L = 750 \text{미터}$$

라는 답을 얻을 수 있습니다.

딱 떨어지는 수네요.

잘 구했죠. 그리고 이때의 시간인데, 이것을 지금까지 나온 u(팽창파가 닿기까지의 속도)의 식, t(팽창파가 닿기까지의 시간)의 식, 그리고 T(전체 시간)의 식에 대입하면 어느 정도의 시간으로 모두 출발할 수 있는지를 계산할 수 있습니다(독자 여러분도 계산해보세요).

…… 500초니까, 약 8분입니다.

정답입니다.

참고로 사람과 사람 사이에 간격을 두지 않고 채워서 세웠을 때는 L은 500미터였으므로(192쪽), 이것을 대입해서 계산해보면 667초, 약 11분이 됩니다. 간격을 둔 것만으로 대략 3분이나 시간이 짧아지는 것입니다.

결론을 말하면 행렬은 꽉 채우지 않는 편이 좋고, 밀도로 말하면 1000명 ÷ 750미터, 즉 1미터당 1.33명이 가장 좋다는 답이 나왔습니다. 앞사람과의 간격을 한 사람분이 채 안 되게 간격을 두고 세우는 경우가 가장 빨리 전원이 출발선을 가로지를 수 있다는 결과이니까, '1초 규칙'에 가깝네요.

블록으로 나누는 것보다 이쪽이 빠릅니까?

내가 대략 계산해 본 바로는 블록 나누기를 해도 그다지 결과는 달라지지 않습니다. 흥미 있는 사람은 블록 사이의 간격을 어느 정도 둘지 등을 가정한 후에 여러 가지로 계산해 주세요.

물론 이것은 가상의 계산이므로 실제로 해보면 8분이라는 시간이 줄어들지 않고 그대로일 가능성이 높습니다. 그렇게 쉽지는 않습니다(웃음). 그래도 비용이 들지 않고 단순하게 할 수 있는 개선책이므로 무언가 도움이 될 가능성도 있습니다. 이 해석을 더욱 정밀하게 해가는 것도 가능하고, 블록 나누기를 한 것으로 계산도 가능합니다.

현실에 사용하려면 셋째날 말씀하셨던 순환(111쪽)을 이용해서 식을 수정해가면 되네요. 수학을 사용한다는 것을 조금 알겠습니다.

잘됐네요. 꼭 수업 후에 평소 신경 쓰였던 문제를 수학으로 생각해보세요.

그런데 처음에 말한 것 같이 도쿄 마라톤은 여러 사람이 달리죠. 참가자격을 보면 '19세 이상으로 6시간 40분 이내에 완주할 수 있는 남녀'가 조건입니다. 연령층도 폭넓고, 초심자부터 숙련자에 이르기까지 다양합니다. 동반 주자와 함께 달리는 장애인도 있습니다.

참가하는 사람들이 모두가 달리기 쉽도록 궁리해야 합니다. 이번에는 '출발의 흐름을 좋게 한다'는 것에 문제를 한정시켰는데, 이것이 완성 단계에 이르면 그 이상의 것도 신경 쓸 필요가 있습니다.

실제 운용되고 있는 '시간마다의 블록 나눔'은 정당한 구조로, 다양한 속도로 달리는 사람들이 일제히 움직일 때는 빠른 속도순으로 세우는 것이 가장 원만합니다. 마라톤에 걸리는 총 시간도 빨라집니다.

이렇게 많은 사람 수의 행렬에 대해서는 도쿄 마라톤뿐 아니라 여러 곳에 응용하면 좋습니다. 많은 사람이 모인 이벤트나 콘서트 또는 역 등에서 몇 만 명의 사람이 모이는 것은 일상에서 흔히 있는 일입니다. 이럴 때 안전성의 관점에서도, 흐름의 효율화의 관점에서도, 스트레스의 관점에서도 사람끼리 밀집하지 않는 것이 좋습니다.

신주쿠 역에 메카 순례의 사고방지 힌트가 있다?

많은 사람 수의 행렬에 관한 것인데, 최근에 사우디아라비아와 공동연구를 하고 있습니다. 무엇이라고 생각합니까?

사우디아라비아에 큰 마라톤 대회가 있을리도 없고 …….

있을지도 모르지만(웃음), 마라톤보다 거대한 것인데 메카 순례에 대해서입니다.

그런 것까지 하나요?

나도 부탁받았을 때는 놀랐습니다. 분명 혼잡 규모로는 세계 제일이죠.

매년 이슬람 달력으로 순례달의 수일간 세계의 이슬람 교도가 사우디아라비아의 메카를 방문합니다. 그 수는 약 300만 명이나 됩니다. 이렇게 많은 수의 사람이 모이기 때문에 당연히 큰 혼잡이 발생하고, 사고도 일어납니다. 1990년에는 메카 근교의 터널에서 약 1400명이 압사하는 대참사도 일어났습니다.

2005년에는 자마라트 다리 입구에서 364명이 압사했습니다. 많은 순례자가 다리 입구에 쇄도하고 다리에서 나가는 사람보다도 다리로 들어가는 사람이 많게 되어 한번에 인구밀도가 높아진 것이 사고의 원인이었습니다.

지금까지도 사람 움직임의 시뮬레이션과 수학적인 연구는 진행되고 있고, 여러 가지 대책이 취해지고 있습니다. 예를 들어서 도로의 교차점 등에 카메라를 달아 순례자의 인구밀도를 감시하는 시스템을 만들거나, 순례자의 이동 경로를 잘 계산하고 분산해서 다리에 도달하도록 하는 방법을 세우고 있습니다.

게다가 현재는 다리의 확장 공사도 하고, 6층으로 세워서 단번에 문제를 해결하려고 하고 있습니다. 이 예산은 1300억 엔이라고 합니다.

그러나 이 외에도 많은 문제가 있고 그런 막대한 돈을 계속해서 쓰는 것도 불가능하므로, 지금 사고를 얼마나 방지할 수 있을지 군집의 조절 방법을 모색하고 있습니다.

그래서 나를 포함한 세계 10명 정도의 사람이 사우디아라비아에 불려가서 이 문제의 해결을 담당하게 되었습니다. 수학이 이와 같은 국가 수준의 안전성까지 공헌할 수 있다는 것이 기쁘고 보람 있습니다.

선생님 말고 어떤 사람들이 모였나요?

한 사람은 캐나다 몬트리올 올림픽에서 물자 수송의 설계를 한 선생입니다. 올림픽 때도 세계에서 많은 사람이 모이죠. 아마 그 사람은 셔틀버스의 운용 설계를 담당하리라 생각합니다. 나도 메카 부근 버스정류장에 가서 봤는데, 지평선이 가물거릴 정도로 많은 수의 셔틀버스가 모여 있었습니다(웃음).

전염병 연구자도 있었습니다. 밀집해 있어서 전염병이 발생하면 단번에 퍼지므로 역시 큰 문제입니다.

그리고 나와 5년 정도 공동 연구하고 있는 이탈리아 여성 연구자도 있었습니다. 심리학의 '근접학'이라는 분야의 선생입니다. '근접학'이라는 것은 사람이 사람 옆에 있을 때의 행동 등을 연구하는 학문입니다. 우리들은 혼자 있을 때와 모르는 사람과 가까이 있을 때, 그리고 아는 사람과 가까이 있을 때 각각 감정이 변하죠. 이것이 행동에 큰 영향을 미칩니다.

　메카 순례도 가족이 함께 온 사람도 있고 혼자 온 사람도 있는데, 같은 사람이라도 환경에 따라 행동이 변합니다. 이런 감정과 환경의 변화가 인간 행동에 어떤 영향을 주는지를 연구하고 있습니다.

　그런데 사우디아라비아 정부 소속의 사람 앞에서 내가 해결 아이디어를 말했을 때, 가장 잘 받아들여진 한마디가 있습니다. 사우디아라비아와 신주쿠의 관계인데, 무엇인지 알겠나요?

무슨 관계가 있을까요?

　메카 순례의 300만 명은 실은 신주쿠 역의 1일 이용자 수와 거의 같습니다. 이 기록은 세계 제일로 기네스북에도 올랐습니다. 결국 신주쿠는 매일 메카 순례를 하는 것과 같으므로 이런 도시에 살고 있는 나에게 이 문제를 맡겨달라고 외쳤습니다(웃음).

　그럼 신주쿠 역에서는 어떻게 300만 명의 사람을 매일 안전하게 잘 처리할 수 있다고 생각하나요?

잘 모르겠지만, 매일 일어나는 일이므로 자연스럽게 규칙이 생겼을지도 모르겠습니다.

감각이 좋습니다. 나도 그것이 중요한 포인트라고 생각합니다. 메카 순례의 경우는 생애에 한 번 한다는 사람도 많은데, 신주쿠 역의 경우는 통근하는 사람들이 많으므로 '매일' 사용하는 것입니다. 따라서 모두들 어떻게 움직이면 되는지 자기도 모르는 사이에 배우고, 자연스럽게 질서가 생겨난 것입니다.

따라서 사람들이 순례에 가기 전에 메카의 행동과 절차의 방법 등을 알 수 있도록 비디오를 보고 예습하는 것도 중요하죠. 한사람 한사람의 의식을 조금 높이는 것만으로도 전체가 크게 변화할 가능성이 있는 것입니다.

그와 함께 신주쿠 역은 JR, 게이오센, 오다큐센, 마루노우치센 등 몇 개의 노선이 있으므로 이용자는 다수의 선택지를 갖고 있습니다. 이와 같이 사람의 흐름을 잘 분산시키는 것으로 한번에 여러 사람이 같은 장소에 집중하는 것을 막을 수 있을지도 모릅니다.

지금 이탈리아의 연구자 등과 메카 순례에 대해 생각하기 시작했는데, 문제의 포인트는 메카에는 세계 여러 곳으로부터 다양한 사람이 모여든다는 것입니다. 순례에는 아저씨, 아줌마, 아이를 데려온 가족 등 다양한 사람들이 있습니다. 그리고 고령자 비율도 높습니다.

게다가 구미, 아시아, 아프리카 등 순례에 온 사람들의 국가도 다양합니다. 이들은 서로 보행 속도가 다르고 행동 양식도 상당히 다릅니다. 문화, 배경, 손윗사람에 대한 태도, 남녀에 대한 사고방식 등의 행동이 완전히 다르죠.

지금까지의 군집 시뮬레이션에서는 이와 같은 개성을 그다지 고려하지 않았는데, 우리는 사람이 그룹을 이루게 되었을 때 개인과는 다른 움직임이 되는 것에 주목해서 시뮬레이션을 시작하였습니다.

낭비의 반대를 말할 수 있나?

마지막으로 조금 관점을 바꿔서 정체 이외의 것도 이야기하고 싶습니다.

나는 정체 연구와 함께 낭비에 대한 연구도 하고 있는데, 그 연구의 일부를 '낭비학'이라고 이름 지었습니다. 여러분은 분명 '낭비 연구라는 게 뭐지?'라고 생각하고 있죠?(웃음)

낭비를 수학으로 다룬다는 말입니까?

그래요. '낭비'라는 것은 흔히 말하거나 듣거나 하지만, 실은 이 정의가 어렵습니다. 낭비의 반대말은 무엇이라고 생각하나요?

…… 유용? 아, 유용의 반대는 무용인데 …….

어렵지요. 사전에도 잘 나와 있지 않습니다. 낭비의 정의 자체
도 사전에 쓰여 있는 것을 보면 잘 와닿지 않습니다.

그리고 '세상은 낭비투성이'라고 말하는 사람도 있는 반면에,
'이 세상에 낭비는 하나도 없다'고 말하는 사람도 있습니다. 이와
같은 다툼이 일어나는 것은 낭비의 정의가 확실하지 않기 때문입
니다.

수학은 먼저 사용하는 말을 확실히 정의하는 것에서 시작합니
다. 낭비에 대해서도 정의를 붙이는 일에서부터 시작하는데, 해
보면 의외로 어렵습니다. 예를 들어서 생명보험은 낭비일까요?
쭉 건강하면 낸 돈이 낭비한 것이 되죠. 그러나 보험을 들지 않은
상태에서 병이 들면 고액의 의료비를 내야 합니다.

또한 여러분은 피아노를 치는 등 무언가 취미를 갖고 있을 텐데,
그것을 모두 하면서 공부에 집중하는 것은 어떤가요? 취미는 시간
낭비일까요? 이렇게 생각하면 낭비가 무엇인지 점점 모르겠죠.

이렇게 잠깐 생각하는 사이에 어느 것이 낭비인지는 '목적'과
'기간'을 정하는 것으로 판단하면 좋다는 것을 알았습니다.

예를 들어서 집과 먹이장을 왕복하는 개미의 행렬 중에는 먹이
운반을 게을리 하는 개미가 20퍼센트 정도 있는 것으로 알려져
있습니다. 이런 개미가 있는 것은 쓸모없는 낭비처럼 생각되는
데, 가끔 다른 먹이장을 발견하기도 합니다. 즉 먹이를 운반한다

집 ←   먹이

는 목적으로는 쓸모없는 낭비지만, 무리 전체의 존속이라는 목적
에는 결코 낭비가 아닙니다.

또한 수험공부에서 대학 입시에 관계없는 과목을 공부하는 것
은 어떻습니까? 여러분은 시간 낭비라고 생각할지도 모르지만,
한참 후에 그 지식이 도움이 될 때도 있습니다. 나는 실제로 그런
체험을 했습니다.

입시 과목에는 생물이 없었는데, 고등학교 때 공부해야만 해서
낭비라고 생각했습니다. 그러나 그때의 지식이 몇 년 전에 도움
이 되어 전문 논문을 써서 국제적인 평가를 받을 수 있었습니다.
젊을 때 어떤 과목이라도 최선을 다해 흡수해두는 것이 좋습니
다.

결국 '언제까지 도움이 될까?'라는 기간을 설정하지 않으면 낭
비인지 아닌지를 정할 수 없는 것입니다. 세상은 낭비투성이라고
말하는 사람은 이 기간 설정이 짧고, 반대로 세상에 낭비는 없다
고 말하는 사람은 기간 설정이 긴 것입니다.

최근 생각하고 있는 것은 낭비가 생기는 진짜 원인에 대해서입

니다. 나는 지금의 사회 시스템은 앞으로 20년이 못 되어 무너질지도 모른다고 생각하고 있습니다.

현재의 사회 시스템 전체가 낭비를 발생시키므로 낭비를 근본적으로 없애기 위해서는 사회 시스템을 고쳐야만 하지 않을까라고 느끼기 시작했습니다. 마지막에 이렇게 좀 큰 주제를 함께 생각해봅시다.

우리의 사회 시스템은 자본주의입니다. 나는 이것을 부정하고 사회주의를 해야 한다고 주장하는 것은 아닙니다. 지금 사회주의는 붕괴되었습니다. 그렇다고 현재의 자본주의가 인류 사회 시스템의 마지막 형태라고 생각하지 않습니다.

예를 들어 현재 시스템은 모든 것에 있어서 '경제성장'을 전제로 한 구조로 성립되어 있습니다. 이자도 그 하나로, 돈을 빌리면 반드시 빌린 이상의 돈을 내야만 합니다. 따라서 은행에서 돈을 빌리는 기업은 반드시 이자 이상으로 돈을 벌어야만 합니다.

그리고 현재의 여러 가지 사회문제인 고용문제 등은 경제성장을 통해 해결되는 것으로 생각합니다. 우리 사회가 성장을 전제로 만들어져 있기 때문에 당연합니다.

게다가 단기적으로 경제성장률을 올리는 것에 안달이 나서 기를 쓰고 있습니다. 경제평론가와 정치가가 현재 일본의 경제성장률의 저하를 문제시하고, 어떻게 하면 경기를 회복시킬 수 있을까 등의 논의를 하고 있는데, 그것은 진정한 해결책이 아니라고 생각합니다.

여러분은 경제성장이라는 것이 계속 될 수 있다고 생각합니까?

지구의 자원은 한계가 있으니까 성장을 계속한다는 것은 무리겠죠?

그렇겠죠. 1972년에 로마클럽이 낸 보고서인 '성장의 한계'에는 이대로 인구증가와 환경파괴가 계속되면 이후 백년 이내에 인류의 성장은 한계에 도달하고 세계는 위험에 빠진다고 쓰여 있었습니다. 그리고 이 파국을 피하려면 자원은 무한히 있다고 말하는 것 같은 경제성장의 사고법을 바꿀 필요가 있다고 경고했습니다. 이것을 진지하게 받아들여야 한다고 생각합니다.

자원에 의존하지 않도록 새로운 대체에너지를 발견한다든지 말입니까?

아직 세계에는 가난한 나라도 있고, 성장이 필요한 곳과 그렇게 성장하지 않아도 되는 곳의 균형을 취하는 것이 중요하다고 생각합니다.

새로운 에너지가 나와도 그것을 계속 사용하면 이산화탄소를 배출하는 등 환경에 점점 부하가 걸려 버립니다.

또한 선진국은 그대로 멈춰 있고 가난한 나라를 단번에 지금의 선진국과 나란히 하도록 하면 지구는 더 파괴되어 버립니다. 이것은 정말 어려운 문제입니다. 우리는 지금 모두가 우주선 지구호의 승무원이라는 시야를 갖고 격차를 시정하는 등의 행동을 해야만 합니다.

성장 일변도의 시스템은 지구가 유한이므로 언젠가는 파괴됩니다. 게다가 경제성장 없이 현재의 시스템이 가능한지의 논의는 이전부터 계속되고 있습니다.

흔들흔들 진동경제와 '교대로 하는 사회'

그럼 제로 성장률이라는 사회가 가능할까요? 실제로는 꽤 어렵습니다. 제로 성장사회라 하면 개인의 도전 정신을 없애고 창조성이 감퇴해 가는 듯한 어두운 이미지가 늘 따라다니죠.

그럼 성장과 변화가 조금 있으면서 전체는 성장하지 않는 상반된 요소를 갖는 사회를 만들 수 있을까요?

여기에 수학을 도입해봅시다. 장래를 예측하는 것은 수학이 가장 특기로 하는 분야로, 특히 미분방정식이라는 도구가 있죠. 이 식을 풀면 일반적으로 시스템이 장래에 어떻게 움직이게 될 것인가의 패턴을 분류할 수 있습니다.

경제 시스템의 예측에도 사용되는 것입니까?

미분방정식으로 해결할 수 있다면 가능하다는 조건이 붙는데, 여러 가지 요인이 관련된 비선형이므로 간단하게 풀 수는 없습니다. 그러나 아이디어의 하나로 파악해 주세요.

미분방정식론에 의하면 어떤 양이 시간과 함께 어떻게 변화해 갈까는, ① 어쨌든 일정한 상태로 안정, ② 무한히 계속 증가한다, ③ 진동상태가 된다 하는 세 가지의 패턴이 됩니다. 제로성장으로 변화하지 않는다는 것이 일정하게 안정된 상태로, '언제까지라도 계속 성장하면'은 '무한히 계속 성장하는 상태'에 대응합니다.

그럼 제3의 '진동' 상태에 대응하는 경제 시스템이라는 것은 있을 수가 없을까요? 나는 '진동 경제'라고 부르고 있는데, 아래 그림과 같이 평균적으로는 성장률이 제로인데 어떨 때는 플러스, 어떨 때는 마이너스가 되는 것을 주기적으로 반복합니다.

1~3년 정도의 주기로 이런 일이 일어나면, 의외로 좋은 시스템이 아닐까 생각합니다. 이런 시스템이 성숙한 자본주의의 다음 단계로 올 만한 것이라고 생각합니다.

경기에는 호경기와 불경기 파가 있는데, 그것과는 다른 것입니까?

경기의 파라는 것은 좀 더 긴 주기로 오는 것이죠. 게다가 지금까지는 진동하면서 전체로는 상승하고 있습니다. 나는 이런 것이 아니라 좀 더 작은 진동으로, 전체로는 위로 향하지 않는 성장률 0%인 작게 흔들흔들 하는 그런 것을 상상하고 있습니다.

어떨 때는 경제 발전을 즐겁게 하고, 어떨 때는 각오해서 마이너스 성장의 겨울 시대를 맞는 것입니다. 완전히 움직이지 않는 제로 성장의 상태가 아니라, 이와 같이 움직임이 있으면서 늦춤

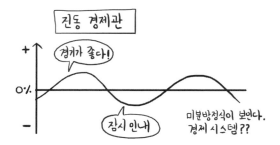

과 당김이 조절되면 반대로 활기를 만들 수 있을지도 모릅니다.

진동 상태라는 것은 자연스럽게는 될 수 없다고 생각하는데, 실제로 실현 가능한 것입니까?

물론 어려운데 여러 가지 방법은 있다고 생각합니다.

예를 들어 이긴 기업이 계속 이기는 것도, 진 기업이 계속 지는 것도 아닌 것처럼 서로 '교대로 하는 사회'가 바람직한 시스템입니다. 경제물리학이라는 물리의 방법으로 경제를 분석하는 다카야스(高安秀樹) 연구자는 이런 것을 생각하고 있습니다.

기업은 은행에 돈을 빌려 상품 판매를 하는데, 매년 이익을 붙여서 갚아야 합니다. 게다가 각각의 기업 성장률로 나눠서 그 해에 돈을 많이 번 기업은 '금년은 많이 벌었으니 좋다'라고 해서 예정보다 좀 많은 돈을 은행에 갚습니다. 예를 들어 연리 5%로 빌린 것을 7%로 갚는 것처럼 말입니다.

그리고 은행은 많이 받은 부분을 보충해서 어려웠던 기업의 빚을 차감해줍니다. 따라서 어려웠던 회사는 다음 해는 좀 침체 상태에서 벗어나게 되죠. 이런 방법을 만들 수 있다면 진동 경제가 가능하게 되지 않을까요?

다카야스 씨는 일본의 모든 기업들을 조사하고 성장률의 분포를 그려서, 어느 정도 성장한 회사가 얼마나 많이 은행에 건네면 되는지, 어려웠던 회사에 어느 정도 보충해주면 되는지를 자료를 통해 산출해서 정밀하게 계산하였습니다. 실제 일본과 해외 은행을 설득하고 있다고 합니다.

그런 것을 할 수 있다면 가능할지도 모른다는 생각이 드네요.

서로에게 폐를 끼치지 않고 도움이 되는 사회를 만들 수 있는가 하는 거죠. 흔히들 인간의 욕망은 조절하기 어려워서 무리가 아닐까라고 말하는데, 모두가 행복해지는 해결책을 찾아보는 것은 재미있고, 언젠가 진짜를 발견할 수 있을지도 모릅니다.

이와 같이 수학의 본질을 조금만 넣어보면 그것을 골격으로 해서 경제와 사회 시스템에 대한 고찰을 넓히는 일이 가능합니다. 기존의 관념으로 파악하지 않고 당연하다고 생각하는 전제와 규칙을 의심해보는 것도 때로는 중요합니다. 틀리는 것을 두려워하지 말고 어떤 것이든 상관없으니까 자신의 생각을 풀어놓고 고찰해 보세요.

그럼 이것으로 수업은 끝입니다. 4일 동안 정말 고생했습니다. 여러분과 함께 생각할 수 있어서 정말 즐거웠습니다.

아이디어를 쌓아가면서 수학을 사용해서 사회의 어려움에 대처하는 것은 아주 보람 있고, 재미있는 일입니다. 여러분에게도 이 재미와 현장감을 맛보게 하고 싶었는데, 어땠습니까?

수학이란 것이 기계적인 것이라고 생각했는데, 이번 수업으로 수학의 유연성 같은 것을 느꼈고, 지금까지 가졌던 수학의 이미지가 무너져버렸습니다. 깊이와 넓이를 느끼게 되었다고 할까. 수학을 새롭게 발견하게 되어 기뻤습니다.

이제는 여러분이 개척할 차례입니다. 이때의 경험을 살려 꼭 미래에 '수학으로 이런 것도 할 수 있다'는 것을 보여주세요. 힌트는 어디에도 있으니까 사고의 안테나를 세워 무엇이라도 좋으니까 흡수해 가도록 하세요.

아직 완전히 이해하지 못하기도 했고, 소화할 수 없는 것도 많이 있지만 지금까지 살아오는 중에 가장 의미 있는 시간이었다고 생각합니다. 고맙습니다.

나야말로 고마워요. 이해하지 못한 것도 있겠지만 가끔씩 떠올리면서 생각해 주세요.

초등학교 때부터 수학을 싫어해서 수학을 왜 해야 하나라는 생각을 계속 해왔습니다. 그러나 이번 수업을 받고 수학에 친근감을 갖게 되었습니다. 수학을 잘하는 편이 스스로도 문제를 해결할 수 있어서 시원하고, 나도 뭔가 할 수 있을지도 모른다는 기분이 들었습니다. 그래서 이제부터는 수학 수업을 열심히 듣고 싶어졌습니다.

아아, 눈물 나는군요(웃음).

앞으로 어른이 되어가면서 여러 가지 벽에 부딪칠지도 모르지만, 이 4일 동안의 강의를 다시 한번 생각하면 뭔가 힘이 되는 것이 있을지도 모릅니다.

분명 여러분이라면 어려움을 뛰어넘어갈 수 있다고 믿습니다. 꼭 힘내세요!

맺음말

나는 초등학교 때부터 어려운 수학 문제 풀기를 아주 좋아했습니다. 동급생 중 라이벌로 생각하는 친구가 있어서 그 친구와 함께 문제를 풀었는데, 둘 다 풀기 어려워서 비겼던 적도 많았습니다. 풀 수 없었던 문제의 대부분은 초등학교에서는 아직 배우지 않은 수학으로 풀어야 하는 것이었습니다.

지금 되돌아보면 그 친구와의 경쟁이 나를 성장시켜 주었다고 생각합니다. 왜냐하면 교과서에 따라 누군가가 시켜서 한 공부가 아니고 스스로 새로운 것을 개척해가면서 한 공부이기 때문입니다.

어느 시대든 선생님이 가르쳐주시는 대로 공부하는 아이가 '착한 아이'의 조건입니다. 나는 분명 선생님이 볼 때는 다루기 아주 어려운 아이였으며, 수업 시간에 책도 없고 선생님 말도 제대로 듣지 않는 이른바 낙오된 학생으로 분류되었을 것입니다. 나는 교과서를 사지도 않아 학교 교육과정과는 무관하게 흥미를 가지는 것만을 철저히 추구했습니다. 왜 이렇게까지 했는지는 나 자신도 잘 모르겠는데, 어쨌든 깊이 알고 싶다는 탐구심은 인간의 본능으로 나 역시 그랬다고밖에 생각할 수 있습니다.

대개 이런 학생은 학교 교육과는 무관하게 행동합니다. 나 역시 정신적으로 독립해 있었는데, 그런 당시의 나를 지탱해준 것이 수학이었습니다. 수학에서의 증명은 대통령도 국무총리도 부정할 수 없습니다. 당시의 나는 어른의 논리에 이기기 위해서 더 수학에 집중해야 한다고 무의식중에 생각했던 것 같습니다. 그래서 점점 더 수학에 빠져들었다고 생각합니다.

선생님도 모르는 수학 무기를 손에 넣었을 때는 정말 보물 상자를 발견한 듯 흥분을 느꼈습니다. 혹시 여러분이 중학생이라면 고등학생 참고서를 노려보세요.

그리고 고등학생이라면 대학 입문서를 열어보세요. 모르는 기호가 많이 나오죠. 마치 게임처럼 수수께끼 풀이를 하듯 숨겨진 아이템을 발견하는 즐거움이 있습니다.

매일 30분 정도면 충분합니다. 주위에 널려 있는, 남은 모르는 무기를 지닐 수 있도록 시간을 사용해 보세요. 습관처럼 하면 분명히 장래에 큰 대가가 따를 겁니다.

이 책은 많은 분들이 도와주어서 출간할 수 있었습니다.

먼저 이 수학 캠프에 참여해 준 도립삼전고등학교 학생 여러분, 참으로 수고했습니다. 모두 정말 우수하고 개성이 있어서 내 연구실에 그대로 있어도 좋은 사람들입니다. 같은 학교의 나이키 아키이코 선생님과 오자와 사토시 선생님에게 폐를 끼쳤습니다. 함께 수업을 북돋아주셔서 감사합니다.

책의 장정을 해주신 스프디자인의 오하라 사와 씨, 호리 야스로우 씨, 아주 예쁘고 사랑스러운 책을 만들어주셔서 감사합니다. 멋있는 그림과 수식을, 많이 그려주신 히마 씨에도 감사합니다. 신선한 색의 조합과 허를 찌르는 유머 넘치는 그림을 넣어 마치 '살아 있는 수학' 이미지가 바로 만들어졌습니다.

이 책의 조판을 담당해준 하마이 씨 고맙습니다. 연구실의 다이치 군은 원고를 자세히 검토해주어서 크게 도움을 받았습니다.

그리고 마지막으로 수학 알레르기를 가진, 아사이 출판사의 스즈키 씨가 없었다면 이 책을 완성할 수 없었습니다.

나는 지금부터라도 어떤 분야든 종횡무진으로 토론할 수 있는 인재를 많이 길러내고 싶습니다. 인간이 고민하는 것은 분야가 달라도 근본적으로 같은 것이 많습니다. 문과나 이과 등의 구분은 이제 의미가 없다고 생각합니다.

지금까지 이과계 사람들은 사회에서 기술적인 면에서만 도움을 주는, 즉 사회의 일부분만을 분담하면 된다는 생각을 하는 것 같습니다. 그러나 이제부터는 세부도 물론 알지만 전체를 바라볼 수 있는 사람이 되어야 한다는 바람을 가집니다.

엄밀함과 엉성함을 모두 아는, 사람 냄새 나는 수학을 아는 사람이야말로 이 사회가 정말 필요로 하는 인물이라고 생각합니다. 이 책이 그 일에 작으나마 도움이 되기를 기원합니다.

그럼 또 어딘가에서 여러분과 만날 날을 기대하겠습니다.

2011년 3월
코마바의 연구실에서

$$T = \frac{L}{3} + \frac{500}{1+3\left(1-\frac{500}{L}\right)} \text{ 을 미분한다.}$$

　도쿄 마라톤의 출발점에서 가장 끝에 있는 사람이 그 출발선을 지나갈 때까지의 시간의 식을 미분할 때(203쪽) 거기서 사용되고 있는 공식, 식의 전개를 적어둡니다. 여기서는 '합성함수의 미분'이라고 하는 공식을 사용해서 다음과 같이 계산합니다.

$$\begin{array}{c} T \to y \\ L \to x \end{array}$$ 익숙한 기호로 바꿔서...

$$y = \frac{x}{3} + \frac{500}{\left(1+3\left(1-\frac{500}{x}\right)\right)}$$

합성함수의 미분

$$f(x) = 1 + 3\left(1 - \frac{500}{x}\right) \text{ 로 바꾼다.}$$

$$y = \frac{x}{3} + \frac{500}{f(x)}$$

미분 $\downarrow$

$$\frac{dy}{dx} = \frac{1}{3} + \left(\frac{500}{f(x)}\right)'$$

( )' ← 미분기호

합성함수의 미분공식을 사용한다.

$$= \frac{1}{3} - \frac{500}{f(x)^2} \times f'(x) \quad \Rightarrow \text{라실판도로 가세요.}$$

공식 ··· 합성함수의 미분

$$\left(\frac{1}{f(x)}\right)' = -\frac{1}{(f(x))^2} \times f'(x)$$

x의 함수

x의 함수의 미분을 곱한다.

➡ $f'(x)$ 는   미분하면 사라진다.

$$f'(x) = \left(\underset{\text{제로}}{\cancel{*}} + \underset{\text{제로}}{\cancel{*}} - \frac{3 \times 500}{x} \right)'$$

$$= \left(- \frac{3 \times 500}{x} \right)'$$

$$= -3 \times 500 \times \left(\frac{1}{x} \right)' \quad\Big)\ \text{공식}$$

$$= -3 \times 500 \times \left(- \frac{1}{x^2} \right) \Big\Leftarrow$$

$$= 3 \times 500 \times \frac{1}{x^2}$$

┌─────────────────────────────────┐
공식 ⋯ 분모에 x가 있을때의 미분

$$\left(\frac{1}{x} \right)' = - \frac{1}{x^2}$$
└─────────────────────────────────┘

이것을 대입하면

$$\frac{dy}{dx} = \frac{1}{3} - \frac{500}{\left(1 + 3 \left(1 - \frac{500}{x} \right) \right)^2} \times \left(3 \times 500 \times \frac{1}{x^2} \right)$$

$$= \frac{1}{3} - \frac{3 \times 500 \times 500 \times \frac{1}{x^2}}{\left(1 + 3 \left(1 - \frac{500}{x} \right) \right)^2}$$

➡ 203쪽~